DAS SCHACHPROBLEM

UND DESSEN KUNSTGERECHTE DARSTELLUNG.

EIN LEITFADEN FÜR PROBLEMFREUNDE

VON

J. BERGER.

MIT DEM BILDNIS DES VERFASSERS.

Mat in 3 Zügen.

LEIPZIG,
VERLAG VON VEIT & COMP
1884.

Bilguer u. *A.* sind es, von denen er spricht, deren Verdienste um das Schach er beleuchtet. Auf diese Erzählungen folgen 80 in den Jahren 1837—1843 von den genannten Meistern zu Berlin gespielte Partien, die reichlich mit Anmerkungen und in den Text gedruckten Diagrammen versehen sind. Als Anhang endlich hat *v. d. Lasa* die sämtlichen Spiele des Calabresen *Greco* beigefügt und eine Übersetzung des *Lucena'*schen Schachwerkes (1498) gegeben.

Paul Morphy.

Skizze aus der Schachwelt

von

Dr. Max Lange.

Zweite, gänzlich umgearbeitete Auflage, enthaltend 300 erläuterte Spiele.

Mit dem Bildnis von Paul Morphy. Oktav. Preis geheftet 5 M.

Diese zweite Auflage ist keine neue Auflage im gewöhnlichen Sinne des Wortes, sondern vielmehr ein neues Buch. Den eifrigen Bemühungen des Verfassers ist es gelungen, gegen 300 Partien des amerikanischen Schachmeisters zu vereinen, die er mit ausführlichen Anmerkungen, welche die Vorzüge und charakteristischen Eigentümlichkeiten im Spieltypus des Meisters behandeln, begleitet hat. Nicht allein der erfahrene Spieler wird sich an dieser Reihe glänzender Partien erfreuen, sondern auch der Anfänger wird sie mit stets neuem Vergnügen studieren und an der Hand der Anmerkungen des erfahrenen Verfassers darin eine reiche Quelle der Belehrung und erfrischenden Anregung finden. — *P. Morphy* hat mit den ersten Meistern diesseits und jenseits des Ozeans gekämpft, fast alle hervorragenden Namen der Schachwelt, *Anderssen, Paulsen, Harrwitz, Löwenthal* u. s. w., sind in dem Buche vertreten — kurzum das Buch ist eine der interessantesten Erscheinungen auf dem Gebiete der neueren Schachlitteratur.

Correspondenzpartien.

Gesammelt und erläutert von

L. Bledow.

Zweite, bedeutend vermehrte Auflage,

herausgegeben von

Max Lange.

Gross Oktav. Preis geheftet 3 M.

Korrespondenzpartien gewähren nicht nur für gegenseitige Abschätzung der Spielstärke verschiedener Schachkreise und Ortschaften eine interessante Unterlage, sondern bieten auch meist wegen des erhöhten Grades aufgewendeter Aufmerksamkeit und gründlicher Prüfung eine ergiebige Quelle für die Erweiterung des theoretischen Wissens überhaupt. Dies verleiht dieser ersten und einzigen Sammlung besonders wertvoller Korrespondenzspiele, welche von einem anerkannten Meister reichlich glossiert sind, besonderen Wert.

Pierer'sche Hofbuchdruckerei. Altenburg.

J. Berger.

Verlag Veit & Comp. Leipzig.

DAS SCHACHPROBLEM

UND DESSEN KUNSTGERECHTE DARSTELLUNG.

EIN LEITFADEN FÜR PROBLEMFREUNDE

VON

J. BERGER.

MIT DEM BILDNIS DES VERFASSERS.

Mat in 3 Zügen.

LEIPZIG,
VERLAG VON VEIT & COMP
1884.

Druck von Metzger & Wittig in Leipzig.

Vorwort.

Die Absicht, meine Thätigkeit als Problempraktiker zu einem vorläufigen Abschluß zu bringen, bot mir den Anlaß, an eine Sichtung des von mir Geschaffenen zu schreiten. Das verhältnismäßig große Interesse für das Problemwesen, welches heute in der Schachwelt besteht, ließ mich hoffen, daß die Herausgabe meiner Erzeugnisse in Buchform wohlwollende Beurteilung finden werde. Wennzwar bereits Meister ersten Ranges, wie Kohtz und Kockelkorn, Ph. Klett und S. Loyd, die Problemfreunde mit Sammlungen mustergiltiger Kompositionen versorgten, glaubte ich doch annehmen zu dürfen, daß selbst der bloßen Zusammenstellung meiner Probleme einiger Wert zuerkannt werden würde, weil durch dieselbe die Möglichkeit entsteht, die Leistungsart eines bekannteren Komponisten mit einem Schlage zu überblicken.

Die Achtung, welche ich dem Können und Wirken der vielen ausgezeichneten Problemmeister der Neuzeit zollen muß, wies mich indessen vor allem darauf hin, auch noch bei der sichtenden, redaktionellen Thätigkeit jenes allgemeinen, edlen Wettstreites eingedenk zu sein, welcher in den letzten Jahrzehnten den wichtigsten Zweig der Aufgabenkomposition, das direkte Mat, zum vollberechtigten Range einer Problem**kunst** erhob. Es erwuchs daher für mich die Pflicht, alle dem Inhalte und der Anlage nach hinter den modernen Leistungen oder doch hinter meinem heutigen Können und Erkennen zurückgebliebenen Erzeugnisse einer Rekonstruktion zu unterziehen.

Hieraus ergab sich eine weitere Folge. Die verschiedenen Neubearbeitungen, welche zur Erreichung eines befriedigenden Abschlusses, ohne Beschränkung durch eine zugemessene Zeit oder durch besondere Bedingungen (wie bei Turnieren), zu unternehmen waren, mußten mir die Anregung geben, mehrere in den letzten Jahren durch grundlegende und kritisierende theoretische Erörterungen in Frage gekommene Gesetze für das Gestalten von Problemen (man sehe die Werke bez. Abhandlungen von Dr. M. Lange, H. Lehner, Kohtz und Kockelkorn, Ph. Klett, sowie die sonstige, bereits von letzterem aufgezählte einschlägige Litteratur) auf ihren Wert zu prüfen, eine systematische Vergleichung anerkannter Meisterwerke in betreff ihrer inneren Gestaltung und äußeren Form zu unternehmen und auf diese Weise meine Erfahrungen und Ansichten zu vervollständigen, bezw. zu läutern, damit hinsichtlich der Anlage und Durchführung der Problemideen für die ganze Sammlung der Ausdruck innerer Harmonie erreichbar war.

Während dieser Forschungen trat mir die Erkenntnis nahe, daß ich die Problem-Theorie nicht vernachlässigen dürfe, und daß ich daher der Sammlung, nach dem von Kohtz und Kockelkorn gegebenen und schon von Ph. Klett glücklich befolgten Beispiele, eine Art von Programm voranschicken müsse, in welchem den wichtigsten Fragen gegenüber Stellung genommen wird. Ich gewann die Überzeugung, daß die in einer solchen Einleitung entwickelten Konstruktionsgrundsätze sich selbst auf scheinbar untergeordnete Details erstrecken können, daß sie aber auch ausnahmslos ihre konsequente Anwendung in den vorgelegten Problemen finden sollen, weil heutzutage neben der gesteigerten Schaffensthätigkeit der Komponisten auch in hohem Maße das Verlangen nach sicheren theoretischen Grundlagen für die Problemkunst besteht und die aufgestellten Gesetze wohl nur dann verläßlich gegen allenfalls auftauchende irrtümliche Anschauungen Stand zu halten vermögen, wenn sie möglichst in sich abgeschlossen und zugleich anschaulich verwertet sind.

Namentlich als ich den bedeutenden Einfluß erwog, den zuweilen irgend eine neue oder neu aufgegriffene Voraussetzung (z. B. jedes Problem müsse durchaus korrekte Varianten haben, oder: die Schwierigkeit überrage an Wert alle übrigen Konstruktionsmomente etc.) auf den Charakter der Kompositionen zu üben vermag, mußt ich annehmen, daß die Schachwelt heute die Vorführung theoretische Detailstudien, an welche sie entweder die Weiterpflege der Problemkunst anknüpfen oder über welche sie belehrende Kritik üben kann mindestens ebenso wünschenswert finden werde, als die Vorlage gut ausgearbeiteter Probleme selbst. Deshalb erschien es mir schließlic sogar zweckmäßiger, das Schwergewicht auf die Vorführung und insbesondere Erklärung der Konstruktionsgrundsätze zu legen und die Problemsammlung selbst als den Nachweis der steten Anwendbarkeit dieser Normen, auf deren Basis regelmäßig genügende Leistungen zu erzielen sind, zu behandeln.

Ich war demnach bald entschlossen, meine ursprüngliche, leichter zu verwirklichende Absicht der bloßen Herausgabe einer Sammlung ausgewählter Probleme jener als wichtiger erkannten Aufgabe unterzuordnen, welche nunmehr in dem Versuche des Entwurfes einer möglichst alle Fragen umfassenden, logisch gegliederten und innerlich harmonierenden kurzen Konstruktionstheorie bestand. Als Ergebnis meiner Arbeiten biete ich hiermit einen Leitfaden für Problemfreunde dar, welcher die richtige Beurteilung der Probleme erleichtern und die kunstgerechte Herstellung nahelegen soll.

Es unterliegt wohl kaum einem Zweifel, daß eine derartige Schrift dem Inhalte nach bestimmter (um nicht zu sagen populärer) sein muß, als etwa eine tendenzlose Studie über Probleme und Problemtechnik. Ich habe daher, an Stelle eines allgemein gehaltenen Hinweises auf die Gebote der Ästhetik, die Notwendigkeit der Veredelung des Probleminhaltes konsequent durch Gründe und Beweise zu erhärten gesucht und bei der Vorführung der wichtigsten Konstruktionsgrundsätze nach Möglichkeit jene Reihenfolge eingehalten, in welcher die einzelnen Fragen dem Komponisten bei Entwurf des Problemes gegenübertreten; auch war ich bestrebt, meine Darstellungen so klar zu gestalten, daß keinem Ratsuchenden, aber auch keinem Kritiker ein Zweifel über das Gesagte und Gewollte übrig bleiben kann. Dabei ist gleichmäßig das als unerreichbar Erkannte scharf beleuchtet, das Erreichbare aber strikte gefordert, weil ich unfruchtbare Versuche nicht befürworten kann und dagegen nach meinem eigenen Empfinden annehmen muß, es werde jeder strebsame Komponist die sich ihm auftürmenden Schwierigkeiten lieber überwinden, als sich mit der geringeren Leistung begnügen, am letzten aber für das Nichtgelingen die Problemtheorie verantwortlich machen wollen, welche durchaus auf realer Basis, nämlich auf der für jedermann wahrnehmbaren äußeren und inneren Gestaltung vorliegender Meisterwerke beruht. Unter solchen Umständen ist es auch kaum nötig, die erfolgte Aufzählung von „Kunstgesetzen" besonders zu rechtfertigen und den Nutzen näher zu erörtern, den die, schon von anderen angeregte, strenge Unterscheidung zwischen der zwanglosen Aufgabenkomposition im

I. Theoretischer Teil.

Begriff des Problems und Grundsätze für die Konstruktion desselben.

A. Einleitung.

Das Schachspiel enthält eine solche Fülle tiefer liegender Kombinationen, welche je nach den sie hervorbringenden Umständen auf den einzelnen Schachspieler entweder mächtig anregend oder doch überraschend wirken können, daß das Bestreben nach Festhaltung der Entwickelungsposition einzelner solcher Kombinationen für jeden eifrigen Schachfreund von selbst gegeben ist.

Zum gelungenen Versuche der Festhaltung einer Position gesellt sich in der Regel alsbald auch das Bestreben nach Auffindung anderer ähnlicher interessanter Kombinationen, bez. der dieselben in sich bergenden Aufstellungen; in jedem Falle aber entsteht der Wunsch, die interessante Spielwendung dem ganzen Kreis von Schachfreunden, in dem man sich bewegt, vorzuführen, weil im Schach nicht nur der Gewinn der Partie an sich allein, sondern wesentlich auch die Anteilnahme anderer an dem gelungenen Geisteswerke, d. h. die Anerkennung der Leistung, angestrebt wird.

Jeder, der zur Aufsuchung einer von ihm erfundenen Schachkombination durch Darstellung der betreffenden Ausgangsposition anregt, legt (im weitesten Sinne des Wortes) eine Schachaufgabe vor. Es ist naheliegend, daß die feineren Schachkombinationen gewöhnlich nur ohne gleichzeitige Lösungsangabe durch einfache Aufzeichnung der Stellung auf einem Diagramm mitgeteilt werden, weil der volle Eindruck des Ideengehaltes des Schaustückes nicht durch bloßes Nachspielen, sondern nur durch eigenes Auffinden desselben erzielt und genossen werden kann.

Zur Aufstellung einer Aufgabe eignet sich jeder Spielmoment. Es kann daher sowohl eine gelungene, rasch zum Gewinn führende Eröffnungskombination oder ein bei vollem Brette, gleichsam in der Mitte des Spieles erzieltes Mat oder eine gelungene Endspielführung im positiven Sinne, als auch eine überraschende versteckte Abwehr eines scheinbar unwiderstehlichen Angriffes im negativen Sinne, Gegenstand der Aufzeichnung und Anlaß zur Vorlage als Aufgabe sein.

Eine Schachaufgabe ist aber niemals ein Rätsel im gewöhnlichen Sinne des Wortes, sondern sie ist immer nur ein Stück Schach, welches eben aus einer ungezählten Menge von Kombinationen besteht. So wenig einerseits ein mechanisches Ziehen ohne Anwendung von Vorbeugungs- und Kräfteentwickelungskombinationen schon eine Schachpartie zu nennen wäre, so wenig bedarf es anderseits irgend welcher besonders gesuchter Hilfsmittel, um Stoffe für anregende Aufgaben zu finden, weil in einer Aufgabe nichts eigentlich rätselhaftes oder absonderliches, sondern nur echtes, gutes Schach gesucht und gefunden werden soll.

Ist der Inhalt der Aufgabe aber nichts anderes als Schach (d. h. nichts höheres, etwa noch vollkommeneres, aber auch nichts fremdartiges, gekünsteltes), so folgt daraus, daß die Schwierigkeit einer Aufgabe wesentlich in dem für den Löser mehr oder minder neuen Inhalt als Schachkombination liegt, und daß mit den Fortschritten in der Spielkenntnis sowohl für das einzelne Individuum, als für die gesamte Schachwelt solche direkte der Partie entlehnte Aufgaben im allgemeinen an Schwierigkeit des Durchblickens verlieren müssen.

Die nach 1. e2—e4, e7—e5; 2. Sg1—f3, f7—f6? in der Partie entstehende Möglichkeit des Springeropfers f3×e5 war nach deren Entdeckung durch DAMIANO zweifellos insolange eine Schachaufgabe, bis die Kenntnis dieser und ähnlicher auf die Damenangriffe h5 und e5 basierter Angriffsweisen allgemeine Verbreitung fand, d. h. zu aufgezeichnetem theoretischen Materiale wurde. Das erstickte Mat mußte ursprünglich eine überraschende, ein gutes Sujet zu Aufgaben aus dem Mittelspiele bietende Wendung sein, bis es allgemein bekannt war, und die in der Position Weiß Kg5, Te5, Bd6; Schwarz Kc6, Bd3 enthaltene Kombination d3—d2, Te5—d5 von LOLLI, welche einesteils in dem Turmopfer der Weißen einen wichtigen Kunstgriff enthüllte und anderseits ein gutes Beispiel möglicher Abwehrungsmanöver bot, war ebenfalls insolange eine Schachaufgabe, bis systematische Studien und Aufzeichnungen die heutige Endspieltheorie zu stande gebracht hatten.

Die verhältnismäßig rasch erfolgende Abnützung der Kombinationen der Partie als Aufgabenmaterial (sobald dieselben nämlich des Lehrzweckes wegen wesentlich unverändert gegeben wurden) bei gleichzeitig gesteigerter Anregung, das Schach nicht nur als Kampfspiel unter Freunden, sondern ebensosehr als Fundgrube interessanter Kombinationen für den einzelnen Forscher zu betrachten, läßt es erklärlich erscheinen, wenn diejenigen, welche sich vorzugsweise der Pflege des Schach in der letzteren Richtung widmeten und im Interesse des Gewinnes eines reichen, für die Öffentlichkeit bestimmten Aufgabenmateriales eine systematische Kompositionsthätigkeit zu entfalten begannen, es vorzogen, anstatt immer wieder dem lebenden Spiele mühsam neue Wendungen abzugewinnen, lieber zu außergewöhnlichen Mitteln zu greifen, um jederzeit den Kompositionsstoff gleichsam zur Hand zu haben.

Der subjektiven Spekulation des Komponisten mußte es insbesondere auch wünschenswert erscheinen, daß dessen Kombinationen vor rascher Abnützung hinsichtlich der Schwierigkeit möglichst geschützt erscheinen, und so wurden denn zunächst die aus der Partie geschöpften Ideen durch kunstlose Einleitungsmanöver von einer Zügezahl überdeckt, welche nicht leicht a tempo durchblickt werden kann. Dabei blieb man aber keineswegs stehen; man benutzte vielmehr sogar das im lebenden Spiele jedenfalls nur eine seltene Ausnahme bildende Vorkommnis der Vereinbarung besonderer Bedingungen mit bezug auf den Spielverlauf, um daraufhin Aufgaben zu konstruieren, deren Lösung an allerlei bestimmte Voraussetzungen, wie Unverletzbarkeit einzelner Steine, Mat durch bestimmte Stücke, Mat durch Doppelschach, Selbstmat etc. geknüpft war und welche, was die vorzugsweise angestrebte Schwierigkeit der Lösung betrifft, allerdings zuweilen hohe Erfolge erzielten.

Namentlich die letzterwähnte Art der Aufgabenkomposition verlor indessen völlig den Boden unter den Füßen, weil der Zusammenhang der dargestellten Ideen mit der Partie in der Regel gänzlich zerstört wurde, so daß gleichsam der im Schach gelegene Kombinationsstoff herausgehoben und zu einem dem Schachspiele gänzlich fremden Zwecke verwendet erschien. Diese Kompositionsmethode war nun auch stets von der Gunst des Augenblickes, d. h. von dem momentanen Interesse der Schachfreunde abhängig und sie konnte überhaupt nur in einem, durch die stete Verbreitung des Spieles und durch den rasch zunehmenden Umfang der Schachlitteratur wachsenden Begehr nach Schachaufgaben einen Rückhalt finden, keineswegs aber als Weg zur vollendeten Ausbildung des Aufgabenwesens dienen.

War die Aufgabenkomposition als selbständiges Gebiet dazu bestimmt, jedermann an jedem Orte die fehlende Partie möglichst ausreichend zu ersetzen, und soll sie, was die neuere Schachlitteratur, insbesondere die periodische Presse, alsbald voraussetzte, geeignet sein, dem Schachjünger durch die innerhalb des Rahmens der Aufgabe vorgeführten Kombinationen das tiefere Eindringen in die Geheimnisse des Spieles verlockender erscheinen zu lassen, ihn über den Umfang der Schwierigkeit des Fortschreitens in der Spielroutine hinwegzutäuschen, ihn aber auch zugleich rasch für den Begriff des Schönen im Schach empfänglich zu machen, so mußte ihr durch Hinführung auf einen bestimmten Zweck und durch Erschließung eines der Partie näher stehenden, fruchtbaren Schaffensgebietes erst ein mächtiger Impuls gegeben werden.

Dies ist denn auch geschehen, indem die besten der grundlegenden älteren und neueren Komponisten, welche, geleitet durch ihren Genius, immer wieder die Partie zum Ausgangspunkte ihrer Produktion und dabei Eleganz und Schönheit als Richtschnur im Formen nahmen, in ihren Erzeugnissen mit Vermeidung unnatürlicher Hilfsmittel ein selbständiges, wohlgegliedertes System der Aufgabenkomposition zur Geltung brachten, das, sobald es einmal zur klaren Erkenntnis der Urheber und der Schüler heranreifte, auch überwiegende Anwendung fand. Dieses System verfolgt kein didaktisches Ziel hinsichtlich der Partieführung, so daß es von einer für die Theorie des Spieles wichtigen Vorführung möglicher Endspiele oder Spielwendungen abstrahiert, es gründet sich vielmehr auf die Forderung der kürzesten Matführung in einer supponierten, der Position nach bereits entschiedenen Partie und eröffnet damit dem Komponisten unbegrenzte Gelegenheit zur Konstruktion einer Art von Nachtragspartien, in welchen sodann das Schwergewicht auf die verschönerte, idealisierte Wiedergabe der Kombinationen des lebenden Spieles zu legen ist. Auf diese Weise entstand eine besondere Gattung von Kunstproblemen, welche heute als Höhepunkt der Leistungen der Aufgabenkomposition gilt.

Eine grundsätzlich idealisierte Wiedergabe der Kombinationen der Partie hat zunächst die Verschönerung der Matstellungen selbst zur Voraussetzung, sie bringt jedoch zugleich, wie aus einem tieferen Eingehen in die Sache erkenntlich wird, die Notwendigkeit der Erfindung feiner Einleitungskombinationen, oder doch der Erkenntnis zweckmäßiger Kombinationenverbindungen mit sich, so daß nunmehr der Komponist in dem kleinsten Stücke eine würdige Arbeit, der Löser (oder Sehende) selbst bei kürzestem Inhalte jene Anregung finden kann, welche durch eine schöne, lebensfrische Schachkombination an sich gegeben ist, denn in der möglichsten Feinheit und Schönheit der Ausführung ist die Schwierigkeit schon in dem Maße enthalten, als sie die Darstellung einer guten Schachidee überhaupt verlangt.

Diese Richtung der Problemkomposition ist durch einen großartigen Erfolg bestätigt und unterstützt, welcher die Kompositionsthätigkeit zu einem selbständigen, an Bedeutung dem praktischen Spiele nahekommenden Schaffensgebiete erhob, und es kann infolge dessen auch bereits eine Problemtheorie oder Konstruktionslehre auf sicherer

Basis aufgebaut werden, indem folgende Grundsätze zu allgemeiner Geltung gelangt sind:

1. Das wichtigste Schaffensgebiet für die Aufgabenkomposition ist das kurze direkte Mat, weil sich dasselbe zufolge der verfeinerten Kompositionstechnik am fruchtbarsten erwies und weil es zugleich genügend mit der lebenden Partie zusammenhängt, in welcher der Abschluß durch ein (namentlich fein erdachtes) Mat, stets als die beste Leistung seitens des Siegers gilt.

2. Die Darstellung des direkten Mat in der Aufgabe muß den Gegensatz, welcher zwischen der Benutzung der Kombinationen als Mittel zum Gewinne der Partie und der Verwendung derselben in der idealen Zwecken dienenden Komposition besteht, derart zum Ausdruck bringen, daß in Einleitung und Schluß der Lösungen die möglichste Korrektur im Sinne der Veredelung zu Tage tritt.

3. Diese Auffassung der Kompositionsthätigkeit führt zum eigentlichen Schachproblem, bez. zur Problemkunst, welche die kurze (zwei- bis fünfzügige) Matführung als Mittel zur formvollendeten Vorführung aller Feinheiten des Spieles benutzt.

4. Die Aufgaben, welche ihren Stoff ohne wesentliche Kürzung und Veredelung direkt der Partie entnehmen, bez. ihres Lehrzweckes wegen innig mit der Partie zusammenhängen, werden Studien genannt und zum vorhandenen theoretischen Materiale, speziell zur Endspieltheorie, gerechnet. Hierher gehören sowohl die eigentlichen Endspiele mit unbegrenzter Zügezahl, als auch jene Kombinationen, welche die Möglichkeit des Remis (Pat) als günstigsten Partienausgang, sowie die eigentümliche Kraft einzelner Figuren (hier ohne kurze künstlerische Durchführung) demonstrieren.

5. Die Aufgaben, deren Lösung an gewisse Bedingungen geknüpft ist, bilden eine Abart der Aufgabenkomposition, welche die mögliche Verwendung der Kombinationen des Schach zu Zwecken zeigt, die ganz außerhalb des eigentlichen Gebietes des Schach, nämlich der Schachpartie, liegen. Hierher gehören u. a. auch die Selbstmats, dann jene Remis(Pat-)kompositionen, welche statt des höheren Erfolges (des Mat) die Herbeiführung des geringeren Resultates (des Remis) begehren und ferner jene Aufgaben, in welchen das Hinwirken beider Parteien auf Erzielung des verlangten Mat oder Selbstmat dargestellt wird.

In den folgenden Ausführungen ist nun durchaus nur von dem eigentlichen Schachproblem, nämlich von der Darstellung des kurzen direkten Mat, die Rede. Hierbei ist als bestimmte Voraussetzung angenommen, daß jedes Problem eine im Sinne der Schachpartie und zwar ohne besondere Voraussetzungen mögliche Anfangsposition aufweise, daß die Lösungszüge auf den allgemein geltenden Spielgesetzen beruhen, und daß nur ein einziger zum Ziele führender, in allen Teilen genau vorgezeichneter Lösungsweg existiere, welcher vom Komponisten allen Konstruktionsmerkmalen nach mit voller Absicht als Problemidee in die Komposition gelegt und der Zügezahl nach im Voraus präzisiert ist. Denn alles dies ist entweder schon durch den früher entwickelten Begriff des Schachproblems bedingt oder bedarf mit Rücksicht auf die erfolgte Sanktion durch den allgemeinen Gebrauch keiner weiteren Erörterung, so daß der Schwerpunkt der Ausführungen in die abstraktere Theorie der Konstruktion gelegt werden kann. Da es nun auch hier bereits feste Grundsätze giebt, welche eine fast allgemeine Anerkennung gefunden haben und deren Befolgung jederzeit möglich ist, so sind zunächst diese Normen als Kunstgesetze vorgeführt, während die übrige Materie in dem Abschnitte: „Das freie Walten des Kunstsinnes des Komponisten“ zusammengefaßt erscheint.

B. Die Kunstgesetze.

a. Matreinheit.

Das durch die hervorragendsten Meister der Problemkomposition zur Geltung gelangte System der Problemkonstruktion hat, wie aus der Einleitung hervorgeht, die Verzichtleistung auf außergewöhnliche Hilfsmittel (schlechtweg Künsteleien) zur Voraussetzung, bedingt aber dagegen die Darstellung der Schachkombination in feinster Entwickelung und schönster Endform, weil die Schwierigkeit wesentlich nur durch kunstgerechte Vorführung der Kombinationen angestrebt werden soll. Dieser Umstand zwingt den Komponisten, bei Verkörperung der in der Phantasie entstandenen Problemidee von der Matposition ausgehend nach vorwärts bis zum Eröffnungszuge hin, vorerst die Beobachtung aller Kunstregeln zu sichern.

Ein erstes Kunsterfordernis besteht nun in der Reinheit der Matstellung des Hauptspieles. Hierunter ist verstanden, daß jede Konkurrenz der vorhandenen Steine untereinander bei Bestreichung, bez. Besetzung der das Matgebiet ausmachenden Felder vermieden werden soll. Jedes einzelne dieser Felder soll demnach entweder von einem Steine der besiegten Partei besetzt oder von Steinen der siegenden Partei einfach bestrichen sein (z. B. Weiß Kb6, Tg1, Lh1, Sd7, f3; Schwarz Kf5, Sf4 Mat durch Sf3—d4) und es ist die gleichzeitige Wirkung zweier Steine auf ein bestimmtes Feld nur in dem speziellen Falle gestattet, wenn das Mat durch Abzug und Doppelschach herbeigeführt wird und demnach eine Kreuzung der Wirkungslinien zweier Steine auf jenem Felde, wo der matgesetzte König steht, eintreten muß (Weiß Ka6, Tc3, Lb2, f7, Bh4, Schwarz Kf6, Se7, Mat durch Tc3—f3 oder:

Weiß Kd2, Ld6, f3, Se4, Schwarz Kb7, Tc8, Ba7, b6, Mat durch Se4—c5).

Begründet erscheint dieses Kunsterfordernis durch den Umstand, daß die einfache Besetzung oder Bestreichung der Felder des Matgebietes offenbar am ehesten eine nur mit feinster Ausnützung der Position und der disponiblen Kräfte knapp erreichbar gewordene Matführung demonstriert und daher im allgemeinen als der Schlußeffekt guter Leistung aufgefaßt werden kann, während zugleich in der unverkümmerten selbständigen Wirkung jedes einzelnen der beteiligten Angriffssteine, sowie in dem gleichzeitigen entscheidenden Zusammenspiele aller derselben unverkennbar ein mächtiges Schönheitsmoment liegt. Nachdem überdies auch die Vermutung platzgreifen muß, daß gewöhnlich eine reine Matstellung dem Lösenden durch die verdeckenden Anfangszüge des Problems hindurch relativ weniger Anhaltspunkte zum raschen Erraten der Art der Matnetzbildung gewähren wird, als eine unreine Matposition, so darf der Komponist, wenn er den höchsten Anforderungen, die man an ihn stellen kann, entsprechen will, auf das reine Mat nur in jenen Fällen verzichten, wo besondere im Probleme erkennbare, mit dem ganzen Lösungsverlauf zusammenhängende Umstände die Durchführung desselben verhindern.

Diese Umstände lassen sich wie folgt zusammenfassen:

a) Fesselung eines innerhalb des Matnetzes stehenden Steines der unterliegenden Partei durch einen Offizier der siegenden Partei, sobald der Lösungsverlauf diese Fesselung herbeiführt und zu einem Feinheitsmoment stempelt (Diagramm 27).

b) Gleichzeitige Herstellung mehrerer gewöhnlich gleichartiger Matnetze durch das Zusammenwirken einiger Figuren, welche ein weites Wirkungsgebiet haben und sich hierdurch zur Darstellung von Doppel- oder Tripelwendungen besonders eignen, ohne jedoch zugleich dem Komponisten die Möglichkeit der Durchführung reiner Mats zu gestatten (Diagramme 44 und 61).

c) Ausnahmsweise, jedoch nur so weit als nötig, erfolgende Verzichtleistung auf die Reinheit der Matstellung zu dem Zwecke, um den Schwerpunkt der Lösungskombination in einen verzweigten Angriff auf die Steine der matzusetzenden Partei verlegen zu können und das nach Ablenkung, Fesselung oder Entfernung dieser Figuren erfolgende Mat lediglich als Ergebnis eines strategischen Manövers erscheinen zu lassen, welches sich gewöhnlich ziemlich entfernt vom matzusetzenden König abspielt (Diagramme 29 und 30).

Hierbei mag der Angriff auf die Figuren entweder durch das Medium der direkten Matdrohung oder durch zweckmäßige Aufstellung der Steine des Angreifers und Ausnützung der Zugpflicht des Gegners erfolgen, weil nicht etwa die Herbeiführung des Zugzwanges an sich schon das unreine Mat entschuldigt, sondern in dem einen wie in dem anderen Falle lediglich die Unmöglichkeit der Erzielung einer vollkommen reinen Matstellung für die Beurteilung, ob ein Verstoß gegen das Kunsterfordernis vorliegt, entscheidend ist.

Im übrigen besteht keine triftige Entschuldigung dafür, wenn ein Komponist bei Verkörperung einer Problemidee auf die Reinheit der Matstellung verzichtet. Der schlagendste Beweis für Vernachlässigung eines wichtigen Kunstgesetzes wird stets dadurch geliefert werden, daß ein anderer Problemdichter früher oder später dieselbe Idee in reiner Matstellung, d. h. in besserer Ausarbeitung, vorführt.

Das Mat durch Doppelschach läßt man wegen der durch dasselbe möglichen Darstellung höchster Kraftentfaltung, welche sich äußerlich in der doppelten Wirkung auf das Standfeld des Königs, innerlich durch die Matnetzbildung an scheinbar wohl verteidigter Stelle kennzeichnet, als reines Mat passieren, obwohl auch dieses durch Aufdeckung von Steinen bei einfachem Schachgebot mit Matwirkung (siehe Diagramm 16) ersetzt werden könnte. Es geht also die Forderung der Kunstregel mit gutem Grunde nur nach einfacher Besetzung oder Bestreichung der acht das Königsgebiet ausmachenden Felder und nicht des Königstandfeldes selbst.

b. Effekt der Ökonomie in der Schlußposition des Hauptspieles.

Eine zweite Kunstregel fordert, daß aus dem Lösungsverlaufe für die Schlußposition des Hauptspieles nur so viele Figuren der siegenden Partei erübrigt werden, als zur Durchführung des Mat im gegebenen Falle unbedingt erforderlich sind und es darf auch die Anzahl dieser notwendigen Figuren und deren absolute Macht nur dann in einem auffallenden Mißverhältnis zu deren Benutzung im Matgebiete stehen, wenn dies durch die ursprüngliche Aufstellung, sowie zugleich durch den kunstgerechten Lösungsverlauf genügend motiviert erscheint.

Es soll daher nicht nur die Reinheit des Matnetzes vollkommen oder (in einem der Ausnahmefälle) so weit als möglich gewahrt werden, sondern auch in der ganzen Schlußposition die während des Lösungsverlaufes erfolgte beste Kräfteausnutzung erkennbar sein, indem entweder die von Anfang an in beschränkter Zahl oder in relativ ungünstiger Aufstellung vorhandenen Offiziere der siegenden Partei sich am Ziele zu entscheidendem Zusammenwirken vereinen oder aber durch Verbrauch des Kraftüberschusses (Opferung!) während des Lösungsverlaufes die Figuren des Siegers auf die zur Matsetzung des Gegners in der gegebenen Position erforderliche Minimalzahl reduziert erscheinen. Dabei ist als selbstverständlich vorauszusetzen, daß die Anzahl der matsetzenden Angriffsfiguren um so kleiner sein kann, je mehr Steine der unterliegenden Partei innerhalb des Matnetzes postiert oder Bauern der siegenden Partei mit zur Bestreichung des Matgebietes benützt sind, während anderseits aus der Fassung der obigen Sätze hervorgeht, daß der Komponist hinsichtlich des Vorhandenseins von Steinen der unterliegenden Partei, sowie von Bauern der siegreichen Partei innerhalb und außerhalb des Matgebietes (von der Matreinheit abgesehen) an keine präzise Norm gebunden ist, was übrigens auch hinsichtlich der Mitverwendung des Königs der Angriffspartei an der Matnetzbildung gilt.

Der Fall des Zusammenwirkens der vom Lösungsbeginn an vorhandenen Figuren in der Schlußposition ist unter anderem im Diagramm 37 bei beschränkter Figurenzahl und günstiger Aufstellung, im Diagramm 27 bei großer Figurenanzahl und relativ ungünstiger Aufstellung zur Darstellung gebracht, wogegen das Diagramm 74 eine konsequente Abgabe des Kräfteüberschusses im Interesse des Hineindrängens des schwarzen Königs in das (übrigens dreifache) Matnetz zeigt und dieses durch einen Offizier allein (allerdings durch den machtvollsten) ergänzt und zusammengezogen wird.

Begründet erscheint die Forderung nach Ökonomie in der Schlußposition durch den Umstand, daß das Mat als Höhepunkt des Lösungsverlaufes, als erreichtes Ziel, zur Darstellung gelangen muß und eine oder gar mehrere in der Schlußposition vorkommende überschüssige Figuren der matsetzenden Partei einen ziffermäßigen Beweis bieten würden, daß der Komponist entweder den Lösungsverlauf nicht in genügend feiner Weise gestaltet hat, um den Aufwand, bez. Verbrauch sämtlicher zum Mat nicht erforderlicher, wichtiger Angriffssteine herbeizuführen oder aber, daß derselbe von vornherein das Mat (die Matstellung) als Nebensache behandelt hat, so daß in jedem Falle die Harmonie des Ganzen gestört erscheint. Schon in der praktischen Partie wird derjenige Spieler, welcher es versteht, die relativ beschränkten Mittel durch zweckmäßiges Zusammenwirken möglichst auszunützen oder aber durch feine Opferkombinationen die entscheidende Verwendung der übrig gebliebenen Steine zu erzielen, die größten Erfolge aufweisen und für solche Geschicklichkeit stets das Lob der objektiven Kritik ernten; was aber in der Partie als Vorzug gilt, muß der Komponist, welcher die Gestaltung des Lösungsverlaufes in seiner Gewalt hat, a priori als Gebot beachten.

Ausnahmsfälle, welche etwa wie hinsichtlich der Matreinheit zuweilen dem Komponisten die förmliche Lizenz gewähren würden, von der Kunstregel abzuweichen, existieren hier nicht, nachdem selbst die in den ersten Lösungszügen erfolgte feinste Verwendung einer in der Schlußposition ohne Mitwirkung abseits vom Matgebiet stehenden Figur niemals zugleich die Unmöglichkeit demonstriert, einen kunstgerechten Lösungsverlauf zu erfinden, welcher den citierten Verstoß gegen die Kunstregel ausschließt. Eine für mehrere Züge vorbereitende Linienräumung zum Beispiele, hat entweder durch eine Figur zu erfolgen, welche im Mat wieder benützt wird, oder sie hat durch Steine zu geschehen, welche von der in diesem Kapitel erklärten Beschränkung ausgenommen sind, weil sie sich zu direkten Angriffen auf den gegnerischen König und zur Matnetzbildung am wenigsten eignen, nämlich durch den König oder einen Bauer der siegenden Partei. Das Diagramm 26 zeigt die Verwendung des weißen Königs zur Räumung einer später von der Dame zu bestreichenden Linie, das Diagramm 62 die Verwendung des weißen Läufers zu gleichem Zwecke, jedoch mit dem Unterschiede, daß der Läufer am Schluß der Lösung als matsetzende Figur mit voller Wirkung benützt wird. Im übrigen ist zu bemerken, daß in sämtlichen Diagrammen der Abteilung II des Buches die Ökonomie in der Matsetzung, soweit sie die Mitverwendung der vorhandenen Angriffsfiguren zur Matnetzbildung betrifft, strengstens gewahrt ist, wodurch wohl der Beweis für die Möglichkeit steter Befolgung des Kunstgesetzes geliefert wird.

Die Forderung, daß jede in der Schlußstellung des Problems vorhandene Figur der siegenden Partei mit unbeschränkter Machtentfaltung an der Matsetzung des gegnerischen Königs beteiligt sei (daß demnach die Dame als aktiv wirkende, matsetzende Figur mindestens sechs Felder, als passiv wirkende Figur mindestens fünf Felder okkupiere, der Turm mindestens vier Felder, der Läufer drei bezw. zwei, der Springer mindestens zwei Felder beherrsche), wird ebenso wenig erhoben, als etwa die Vorschrift besteht, zur Besetzung, bez. Bedeckung des Matgebietes möglichst viele Steine der unterliegenden Partei und Bauern der siegenden Partei zu verwenden, um auf diese Weise die Anzahl der zum Mat notwendigen Angriffsfiguren auf das geringste Maß zu beschränken. Denn abgesehen davon, daß die Verwendung vieler Steine, welche einzelne Felder des Matgebietes besetzen oder, wie die Bauern des Siegers häufig, nur je ein Feld des Matgebietes beherrschen, einen numerisch großen Aufwand an Material verursachen und die Stelle am Brette, wo sich das Mat abspielen muß, im voraus markieren würde (was sich beiläufig schon aus dem Diagramm 63 erkennen läßt), müßte die Forderung nach möglichster Beschränkung der Anzahl der matsetzenden Figuren und nach jedesmaliger, der absoluten Macht derselben entsprechender voller Ausnützung im Mat nicht nur eine exorbitante Reduktion der Anzahl möglicher Matpositionen herbeiführen, sondern sogar den Komponisten von vornherein in der Art der Aufstellung der Figuren für den Lösungsverlauf ungebührlich beschränken. Die Art der Aufstellung der Figuren in der Anfangsposition ist daher völlig frei gestellt, und es ist der Komponist in Konsequenz davon ebenso berechtigt, mit einer relativ großen Anzahl von Figuren, deren jede nur wenig, aber immer doch etwas Anteil an der Matnetzbildung nimmt, das Mat durchzuführen; da jedoch im Problem am allerletzten die Leistung unter jenem Niveau stehen darf, welches in der Partie noch als gut gilt, so besteht die zwingende Voraussetzung, daß in dem Falle, wo der Komponist die, hinsichtlich des Matzweckes ungünstige Aufstellung der Steine der Angriffspartei zum Ausgangspunkt eines das Mat herbeiführenden Manövers wählt, dieses letztere um so feiner erfunden und durchgeführt sein muß, je näher die Grenze liegt, hinter welcher von dargestellter Ökonomie überhaupt nicht mehr die Rede sein kann. Es ist demnach auch eine Konsequenz des in diesem Kapitel behandelten Kunsterfordernisses, daß keine Figur von vornherein nur zum Zwecke der Mitwirkung in der Matposition aufgestellt sein darf (man sehe unten in der dritten Abteilung die Erklärung zum Diagramm 103), sondern daß jede Figur schon während des Lösungsverlaufes oder bei der Variantenbildung eine, wenn auch noch so geringfügige Verwendung erfahren muß, wie das z. B. im Diagramm 27 bei jedem weißen Offiziere nachweisbar ist, weil die Angriffsfiguren eben gleichmäßig zur Thätigkeit während des Lösungsverlaufes und zur Matnetzbildung bestimmt sind.

Eine Komposition, in welcher lediglich die ursprüngliche ungünstige Aufstellung des zahlreichen Materiales der siegenden Partei den Überblick erschwert und dadurch absichtlich, mit Benutzung des entstehenden Kontrastes, ein gewisser Grad von Schwierigkeit erzeugt wird, muß in ihrem Mangel an feinen Wendungen, verglichen mit einem mustergiltigen Schachproblem, den umgekehrten Erfolg, nämlich den Eindruck einer künstlichen Verschlechterung des Partieschach hervorrufen. Sie wird bei dem Kenner um so mehr Widerwillen gegen derlei Erzeugnisse hervorrufen, je weniger die Schwierigkeit im richtigen Verhältnis zu dem Kunstwerte oder vielmehr zur Wertlosigkeit des Ideenkernes steht.

c. Beschränkung des Schachgebotes auf den letzten bez. vorletzten Zug.

Ein drittes Kunsterfordernis besteht in der möglichsten Beschränkung der Zahl jener Züge im Probleme, welche durch direkten Angriff auf den König das Mat unmittelbar herbeiführen, sowie in der möglichsten Veredelung der notwendigen Züge dieser Art. Der Komponist soll demnach so weit als möglich die Durchführung des Lösungsverlaufes mittels stiller (nicht schachbietender) Züge anstreben und wird als höchstes Ziel zu betrachten haben: die Beschränkung des Zwanges durch Schachgebot auf den letzten Zug, in jenen Problemen, wo der König von vornherein auf dem Felde steht, auf welchem er matgesetzt wird (z. B. Diagramm 29), bez. wo es die Matcombination ermöglicht, das Hineindrängen des Königs in das Matgebiet auf indirekte Weise zu erzielen (z. B. Diagramm 22) oder auf die letzten zwei Züge in jenen Problemen, wo der ganzen, übrigens kunstgerechten Anlage des Problems nach, das Hineindrängen des Königs in das Matgebiet grundsätzlich erst im Verlaufe der Lösung erfolgt (z. B. Diagramme 14 und 15), bez. wo ein das Mat deckender Stein erst unmittelbar vor der Matsetzung abgelenkt werden kann (z. B. Diagramm 17) und beides nur durch direkten Zwang zu erzielen ist. Hierdurch tritt auch eine naturgemäße Scheidung des Probleminhaltes derart ein, daß ein Teil aus einleitenden, bez. vorbereitenden stillen, der andere Teil aber aus zwingenden, schach- bez. matbietenden Zügen besteht.

Begründet erscheint die auf Restriktion der Zahl der schachbietenden Züge gerichtete Forderung dadurch, daß diese Züge wenig geeignet sind, dem scharfsinnigen Löser längeren Widerstand zu bieten, sobald das Problem einen kurzen Lösungsverlauf haben soll, denn die ihnen innewohnende große Kraft beschränkt die Wahl der Verteidigungszüge und führt gewöhnlich die Aufstellung eines zahlreichen, zu Gegenangriffen verwendbaren Verteidigungsmateriales herbei, wodurch gerade der Lösungsweg zu sehr vorgezeichnet wird. Im besten Falle sind es direkte Figurenopfer oder Figurenanlenkungs- bez. Aufdeckungsmanöver (als Zweck der Schachgebote), welche im Sinne einer Veredelung der Züge verwertet werden können, ohne daß jedoch selbst die gelungensten Kompositionen dieser Art (mit durchaus schachbietenden Zügen) bereits jenen künstlerisch genügenden Kontrast zwischen der lebenden Partie und der idealisierten Darstellung feiner Schachkombinationen zu bieten vermögen, welchen das neuere Kompositionssystem durch die Einführung der stillen Züge in alle Probleme (also nicht nur in die dem Endspiele näher liegenden Roi dépouillé-Aufgaben, sondern auch in die Kompositionen größeren Stiles) erreicht.

Erst durch den ausgedehnten Gebrauch der stillen Züge als Angriffsmittel gelingt es nämlich, die Anzahl der einer Untersuchung bedürftigen Möglichkeiten in Angriff und Verteidigung von Anfang an gleichsam ungemessen zu vergrößern und es kann im Lösungsverlauf von Zug zu Zug ein neues Problem geschaffen werden, dessen Inhaltsfülle das etwa bis dahin noch fehlende an Schwierigkeit ergänzt. Erklärt erscheint dieser Umstand einfach dadurch, daß der Komponist die Kraft des stillen Zuges beliebig abzuschwächen und dadurch den Verteidigungsmitteln der angegriffenen Partei einen um so erhöhten Wert zu verleihen vermag, so daß das Auge des Lösers nicht mehr, wie in der Partie, hauptsächlich jene Stelle des Brettes, wo sich der matzusetzende König befindet, zu fixieren hat, sondern die ganze Position, das ganze Brett, bestreichen muß, um nicht nur die absolute und relative Macht der Angriffspartei, sondern auch die volle Bedeutung der oft nur aus wenigen Steinen untergeordneter Art bestehenden Verteidigungsmittel zu erkennen.

Demgemäß sind die stillen Züge das wesentliche Mittel zur Verdichtung des Stoffes, zur kunstvollen Darstellung kurzer Matkombinationen geworden, und es ergiebt sich die Konsequenz, daß die unbeschränkte (entweder durchaus oder abwechselnd) erfolgende Anwendung der schachbietenden Züge in richtiger Erkenntnis des Zweckes und Nutzens der einzelnen Kompositionszweige hauptsächlich dorthin verlegt wird, wo die eigentümliche Kraft der einzelnen Steine in Angriff und Verteidigung auf jede geeignete Art (und zwar entweder durch den direkten Angriff auf den König mittels Schachgebot oder durch die abwechselnde Benutzung dieses Mittels und des lediglich einschränkenden oder abwartenden stillen Zuges) zur Darstellung gelangen soll, nämlich in das Gebiet der Studien, hinsichtlich welcher auch von einer Beschränkung der ganzen Zügezahl der Komposition als Konstruktionserfordernis nicht die Rede ist. Da indessen die Vermeidung der Züge mit Schachgebot im Probleme nur im Sinne des besseren Ersatzes durch stille Züge verstanden sein kann und die ausschließliche Benutzung der ersteren als Matzüge offenbar wieder eine zu weitgehende Beschränkung der Erfindungsgabe des Komponisten und der Variierbarkeit der Problemideen zur Folge hätte, so entsteht die natürliche Folgerung, daß der Komponist, in der Absicht, schachbietende Züge zu benützen, Situationen schaffen wird, durch welche gerade die mit stillen Zügen nicht erreichbare intensivste Kraftentfaltung (selbstverständlich in schönster Form) zur Anschauung gebracht wird. Demgemäß werden die Schachgebote wesentlich als Mittel gebraucht, die Matnetzbildung in der Hauptsache bis auf den vorletzten Zug der Lösung zu verschieben und sodann den matzusetzenden König durch die große Macht eines Damenschach bez. Damenopfers, eines Abzugmanövers und dergleichen auf Felder zu drängen, wo die Bildung des Matgebietes wenig vermutet wurde. Dabei ergiebt sich überdies die Möglichkeit, durch eine ursprünglich freie Stellung des Königs mehrfache Matwendungen zu erzielen, worauf sodann innerhalb eines engen Rahmens bereits alles Interessante und Schöne, das sich durch Züge mit Schachgebot überhaupt darstellen läßt, vorgeführt erscheint.

Der augenscheinliche Gegensatz, der durch die gleichzeitige Anwendung stiller und schachbietender Züge hervorgerufen wird, läßt es gerechtfertigt erscheinen, wenn die Schachgebote als Matführung im engeren Sinne aufgefaßt werden, so daß von einer Ausdehnung der Matführung auf zwei Züge (zweizügige Matführung) etc. die Rede sein kann. In Konsequenz davon muß auch die Verlängerung der Matführung durch ein dem Mat vorausgehendes Schachgebot als eine notwendige Ausdehnung der Zügezahl des Problems angesehen werden, was schon aus dem Umstande zur Genüge erhellt, daß der Komponist zufolge der heutigen Auffassung des Begriffes Schachproblem nur eine einzügige Matführung als Sujet einer zweizügigen Aufgabe benützen kann. Damit ist aber auch zugleich die Notwendigkeit der möglichsten Kürzung des aus schachbietenden Zügen bestehenden Teiles des Problems, daher der grundsätzlichen Beschränkung auf zwei Züge gegeben, weil im Sinne des auf Veredelung der Matkombinationen gerichteten Zweckes der Problemkunst jene Darstellung einer Idee, welche bei gleicher Beobachtung aller Kunstregeln, bez. bei gleich wertvollem Inhalte, die kürzere ist, offenbar den Vorzug verdient.

Demnach muß der Komponist in einem Probleme, welches eine dreizügige Matführung enthält, offenbar wieder durch den ganzen Inhalt des Erzeugnisses den Beweis liefern, daß diese Anzahl der Schachgebote gegen das Kunsterfordernis insofern nicht verstößt, als die besondere Idee eine Kürzung des Zwanges ausschließt. So erscheint z. B. die dreizügige Matführung im Diagramm 44 durch das auf zwei Seiten gleichartig erfolgende Figurenspiel gerechtfertigt, und es werden auch hinsichtlich der übrigen sieben in die Sammlung aufgenommenen Probleme dieser Art aus dem Inhalte dieser Kompositionen Rechtfertigungsgründe entwickelt werden müssen, von welchen übrigens noch in der Abteilung III dieses Buches die Rede ist.

Eine vierzügige Matführung vermag mit Rücksicht auf die notwendige Beschränkung der Zügezahl des ganzen Problemes kaum mehr genügenden Raum für eine befriedigende Einleitung zu bieten, weshalb sie auch in den heutigen Meisterwerken so gut wie gar nicht erscheint.

Die Unterbrechung einer Matführung durch einen stillen Zug (z. B. zum Zwecke der Herbeiführung des Mat durch die unmittelbar vorher eintretende Zugzwangausnutzung) bedeutet allerdings insofern eine Verbesserung des Problems, als durch das Ersparnis eines Zuges mit Schachgebot das Erzeugnis an Schwierigkeit gewinnt. Da jedoch das Problem durch das mehrfache Abwechseln der zwei Zugarten anderseits den verschönernden Eindruck einheitlicher Gestaltung verliert, so ist auf dieses Mittel schon in dem Falle zu verzichten, sobald durch die längere (selbst dreizügige) Matführung die Einheit in relativ bester Form, z. B. durch eine konsequent verlaufende, Varianten bietende Schlußaktion, gewahrt erscheint und es muß überhaupt die Unterbrechung der Matführung als Notbehelf betrachtet werden, wenn es nämlich nicht gelingt, die Matführung auf den letzten bez. letzten und vorletzten Zug zu beschränken.

Denn gewöhnlich wird dieses möglich sein, sobald der Komponist von vornherein die Vermeidung solcher Zerklüftung des Problemes in das Auge faßt und sich eventuell der Mühe vielfachen Versuches unterzieht. Mehrere in den Abteilungen II und III dieses Buches dargestellte Problemrekonstruktionen dürften in dieser Hinsicht ein genügendes Beweismaterial liefern.

d. Innere Begründung der Zügeanzahl der Einleitung, sowie des Problemes überhaupt.

Die im letzten Kapitel definierte Matführung entspricht, der ideellen Auffassung nach, jenem Teile der Partie, wo der Siegende durch wenige kräftige Schläge das Resultat der vorangegangenen guten Spielführung zu tage fördert; die aus stillen Zügen bestehende Einleitung im Probleme soll nun jenen Teil der Partieführung wiederspiegeln, welcher die gewiß feineren, das Talent des Spielers auf die höchste Probe stellenden Vorbereitungszüge als Ausnützung geringer, vom Gegner dargebotener Positionsschwächen zeigt. Aber auch hier wird eine Veredelung und insbesondere mit Rücksicht auf die beschränkte Zügezahl des Problemes eine Verdichtung des Stoffes mindestens in dem Sinne nötig, daß jede in der Partie allerdings vorkommende, in der Komposition aber vermeidbare, bloße Verzögerung der Entscheidung ausgeschlossen bleibt.

Es fordert demnach ein viertes Kunstgebot, daß die Einleitung in unmittelbarem, harmonischem Zusammenhange mit der Matführung stehe und lediglich eine solche Anzahl von (stillen) Zügen umfasse, wie sie unbedingt erforderlich ist, um die genügende Verdeckung der Matführung, bez. Vertiefung der Problemidee zu sichern. Eine längere Einleitungskombination muß infolge dessen durch den besonderen kunstgerechten Charakter derselben, bez. durch die kurze pointelose Matführung ihre Rechtfertigung finden, so daß auf diese Weise in jedem gut konstruierten Probleme die Zügezahl der ganzen Lösung stets genügend motiviert erscheint.

Dieses Kunstgebot hat mehrfache Konsequenzen. Erstens zwingt es den Komponisten zur Verbindung zusammengehöriger Einleitungs- und Schlußkombinationen, so daß eine Einleitungsidee in der Regel erst durch eine sich innig anschließende Matführungsidee, eine Matführungsidee jederzeit erst durch eine nach Bedarf verdeckende und verschönernde Einleitungsidee ergänzt werden muß, bevor an die förmliche Herstellung des Problems geschritten werden kann, sofern nämlich nicht schon in der Phantasie des Komponisten eine Problemidee mit vollständigem Lösungsverlauf entstanden ist, oder sich die (einzügige) Matführung nicht schon in tadelloser Form aus der Einleitungsidee ergiebt. Hiermit ist übrigens zugleich von vornherein die Anregung gegeben, das Gesetz, betreffend die Ökonomie der Mittel, jederzeit zu respektieren, indem nämlich a priori an eine entsprechende Matposition, bez. an den Verbrauch der überschüssigen Kräfte während des Lösungsverlaufes gedacht werden kann.

Zweitens entrückt es die Art der Verkörperung einer Problemidee insofern der Willkür des Komponisten, als die ungerechtfertigte, kunstlose Erweiterung einer zu kurzer Darstellung geeigneten Idee oder ein umgekehrtes, wegen der Durchsichtigkeit des Erzeugnisses ebenso unrichtiges Verfahren von jedem Kenner aus dem Probleme selbst als Kompositionsfehler nachgewiesen werden kann. Hierdurch ist aber anderseits auch zugleich dem Komponisten die Richtschnur zur geeignetsten Verwendung der Problemidee an die Hand gegeben, und es wird der Problempraktiker daher schon vor der Ausführung der Idee auf dem Brette darüber im Klaren sein, aus welcher Anzahl von Zügen die Lösung im gegebenen Falle bestehen soll, bez. es wird seiner Sachkenntnis und Übung gelingen, jeweilig ein für die gewünschte Zügezahl von vornherein taugliches Motiv zu ersinnen.

Drittens veranlaßt es den Komponisten in jenen Fällen, wo eine mehr als einzügige Matführung zur Darstellung gelangt, durch die stillen Züge der Einleitung eine Korrektur in dem Sinne zu üben, daß der oberste Grundsatz der modernen Problemkunst: Veredelung des Stoffes bei gleichzeitiger Kürzung der Zügezahl möglichst gewahrt erscheint. Es wird demnach eine zweizügige Matführung, sofern der Stoff zu einer im ganzen dreizügigen Darstellung wohl geeignet ist, bloß durch einen einzigen tiefliegenden stillen Zug verlängert und die Entgegnung von Schwarz mit als Hilfsmittel zur Herbeiführung des Schlußspieles und zum möglichsten Ersatz eines zweiten stillen Einleitungszuges benützt (was z. B. im Diagramme 14 versucht ist). Auf diese Art gelingt es auch in einzelnen Fällen selbst eine dreizügige Matführung noch für ein nur vierzügiges Problem zu benützen (Diagramm 44) und es wird der Komponist in allen Fällen die dreizügige Matführung nur durch eine zweizügige Einleitung erweitern, weil er die durch den Kunstsinn der Problempraktiker gesteckte Grenze von fünf Zügen nicht überschreiten will.

Viertens erhellt aus der, selbst in den schwierigsten Fällen möglichen Erfüllung des Kunstgebotes (z. B. hinsichtlich Herstellung genügend pointereicher zwei- und dreizügiger Aufgaben bei Wahrung aller anderen Kunstgesetze) das Unberechtigte einer etwaigen Scheidung der Probleme in bestimmte Klassen in dem Sinne, daß für die eine oder die andere Kategorie (z. B. Zweizüger und Dreizüger) andere Kunstgesetze bestünden oder bestimmte Lizenzen platzzugreifen hätten, so daß für die Beurteilung der Konstruktion eines Erzeugnisses nur die Beachtung oder Nichtbeachtung der Kunstregeln, nicht aber die Zügeanzahl des Problemes an sich maßgebend ist. Wenn daher zweizügige (oder sogar auch dreizügige) Aufgaben konstruiert werden, in welchen im Interesse der Herstellung außergewöhnlich vieler und zugleich nur auf eine Art lösbarer Varianten die wichtigsten Kunstgesetze ignoriert erscheinen, so hat man es mit der Verfolgung eines Sonderzweckes zu thun und diese Kompositionen sinken zu Bedingungsaufgaben (Forderung: künstliche Herstellung einer großen Variantenzahl) herab. Die Thatsache, daß die Menge der verwendbaren Ideen mit der beschränkten Zügezahl (wegen des Wegfalls der Möglichkeit partieller Änderung im inneren Wesen und in der äußeren Darstellung) außerordentlich sinkt, daß dagegen die Herstellung zweizügiger Aufgaben zur Zeit aus Gründen, welche mit der Pflege und Weiterentwickelung der Problemkunst kaum etwas zu thun haben und deshalb auch hier keine weitere Erörterung finden können, mächtig gefördert wird, kann selbstverständlich für die Kunstkritik von keinerlei Einfluß sein.

Das die innere Begründung der Zügezahl der Einleitung, bez. des Problems fordernde Kunstgebot erscheint durch die im vorigen Kapitel gegebene Erklärung der Bedeutung der stillen Züge, ferner durch die zu Anfang des gegenwärtigen Kapitels erfolgte Vergleichung mit einer wichtigen Phase der lebenden Partie bereits zur Genüge gerechtfertigt; es ist aber auch durch die Praxis der hervorragendsten Problemkomponisten, sowie durch die Vorliebe der kunstsinnigen Schachfreunde für kurze, interessante und schöne Matführungen (insbesondere für drei- und vierzügige Probleme) in jeder Hinsicht bestätigt.

Erwähnt muß noch werden, daß die Unterbrechung der Einleitung durch einen Schachzug stets die Bedeutung einer

Kompositionsschwäche haben muß, weil immer der Eindruck einer unharmonischen Verbindung der Einleitung mit der Matführung, bez. der gewaltsamen Verlängerung des Problemes entstehen wird. Hat das Erzeugnis einen guten Kern, so wird gewöhnlich in dem Kenner der Wunsch entstehen, das Problem um jenen Teil der Einleitung gekürzt zu wissen, welcher mit dem Schachzuge abschließt, und es ist daher auch klar, daß kein Problem trotz nachfolgender stiller Züge mit einem Schachzuge beginnen darf, wenn es nicht in augenfälligster Weise das Bestreben des Komponisten, gerade die angesetzte Zügezahl zu sichern oder den mühevollen Entwurf einer tief angelegten Einleitung zu ersparen, bekunden soll.

e. Benützung des ersten, stillen, Lösungszuges zur indirekten Herbeiführung des Ideenspieles.

Im Mittelspiel der lebenden Partie werden Positionsschwächen im Lager des Gegners in der Regel dann am wirksamsten ausgenützt, wenn es gelingt, durch Angriffe, welche auf momentan mehr oder minder entblößte Punkte gerichtet werden, einen oder mehrere Steine in solcher Weise zu einer Defensivbewegung zu nötigen, daß an anderen Punkten des Brettes die entscheidende Aufstellung, bez. Konzentration von Angriffsfiguren möglich wird. Im Endspiele der Partie, insbesondere wenn es sich um die Führung der Bauern durch die Könige oder um die endliche Besiegung der schwächeren Partei durch einen knapp hinreichenden Figurenbesitz resp. -Mehrbesitz handelt, wird die Entscheidung hauptsächlich durch die bloß einengende Aufstellung der Steine seitens des besser situierten, bez. mächtigeren Angreifers zum Zwecke der Ausnützung der Zugpflicht erreicht, weil die Zugpflicht nach und nach zur Aufgabe der letzten Verteidigungsmittel, bez. zur Betretung des prädestinierten Matgebietes zwingt. Beide Hilfsmittel, die Drohung einerseits, sowie die zweckmäßige Aufstellung der Steine mit Ausnützung der Zugpflicht (kurz: Zugzwang) anderseits, werden im Probleme zunächst vom ersten Zuge an als Hebel zur Herbeiführung der beabsichtigten Lösung benützt (wie es die einfachen Beispiele in den Diagrammen 1 und 2 am klarsten bekunden), und da es in der Macht des Komponisten liegt, bei Verkörperung der gefaßten Idee tiefliegende (also mehrzügige) Drohungsmanöver zu ersinnen und zu benützen oder den Zugzwang im Gegensatze zur Partie mit verhältnismäßig rascher Wirkung auf eine größere Anzahl von Steinen auszudehnen, so wird die in dieser Hinsicht gebotene Leistung in der Regel zum Prüfstein der tiefen Anlage des Problems. Wenn daher in einem, beispielsweise vierzügigen Probleme mit dem ersten (stillen) Zuge unmittelbar Mat gedroht wird und sich nach bester Abwehr des Mat seitens der angegriffenen Partei das vom Autor beabsichtigte, aus durchaus Schachzügen bestehende eigentliche Lösungs-(oder Ideen-)spiel ergiebt, so steht das Problem hinsichtlich der Methode der Herbeiführung der beabsichtigten Lösung auf der untersten Stufe möglicher Leistung, während dagegen ein ebenfalls vierzügiges Problem, dessen erster Zug nur ein zurechtstellender ist und dessen Lösung demnach durch die Zugpflicht der angegriffenen Partei herbeigeführt wird, auf der höchsten Stufe möglicher Leistung steht, sobald sich überdies (was jedoch nicht gefordert werden kann) die Zugzwangsausnützung im zweiten und dritten Zuge der Ideevariante wieder einstellt und die Matführung wegen der weiter angelegten Einleitungskombination erst im letzten Zuge erfolgt. (Ein solcher Lösungsverlauf ist nur in dem, übrigens einfachen Problem Nr. 84 der Abteilung II des Buches erreicht.)

Innerhalb dieser äußersten Grenzen ergeben sich, wie schon aus den Ausführungen über die Begriffe: Matführung und Einleitung hervorgeht und die in der Abteilung III dieses Buches gegebene detaillierte Übersicht näher zeigt, sehr viele Zwischenstufen, von welchen es wichtig ist, jene zu erreichen, wo die Drohung nicht mehr aus durchaus schachbietenden Zügen besteht, sondern auch einen stillen Zug enthält, wie z. B. im Diagramm 12, weil durch eine dergestalt abgeschwächte Drohung bereits der schärfste Kontrast gegenüber dem direkten Angriff entsteht, welcher durch einen Zug mit Schachgebot sofort auf den König selbst gerichtet wird und das Wirken einer Drohungskombination (wenigstens vom betreffenden Zuge an) gänzlich ausschließt. Kommt eine solche aus einem stillen (und demgemäß auch aus mindestens einem Zug mit Schachgebot) bestehende Drohung in einem dreizügigen Probleme zur Anwendung, so hat der Komponist bereits eine gute Leistung erreicht, weil die Drohung dann eine möglichst schwache, nämlich zugleich auf die ganze Zügezahl des Problemes ausgedehnte wird und weil die Durchführung eines Zugzwanges in einem dreizügigen Probleme wohl oft, aber nicht immer möglich ist. Ist dagegen eine zweizügige, einen stillen Zug enthaltende Drohung der Hebel zur Herbeiführung der Lösung in einem vier- oder fünfzügigen Problem, so ist die Leistung immer schon eine befriedigende; sie wird zur unbedingt guten, wenn es dem Komponisten gelingt, die einen stillen Zug enthaltende Drohung bis auf die noch übrige Zügezahl des Problemes abzuschwächen, weil sich in einem vielzügigen, insbesondere größer angelegten Probleme die Schwierigkeit der Unterdrückung aller starken Drohungen derart steigert, daß die Kritik mit Rücksicht auf den Umstand, als solche Unterdrückung nicht zugleich etwaige Verstöße gegen Matreinheit, Ökonomie der Mittel etc. entschuldigen würde, eine zwar aus durchaus schachbietenden Zügen bestehende, aber auf die ganze noch übrige Zügezahl (4—1 resp. 5—1) sich erstreckende Drohung insolange schon als befriedigende Leistung betrachten muß, bis der Gegenbeweis nicht durch eine noch bessere Darstellung der Idee erbracht werden kann.

Aus dem Gesagten geht auch hervor, daß die Benützung des Zugzwanges (vom ersten Zuge der Lösung an) in einem vier- oder fünfzügigen Probleme größeren Stiles nur mehr selten möglich ist, da die Herbeiführung eines solchen nicht durch Verschlechterung des Inhaltes des Erzeugnisses oder auch nur der Anfangsposition erkauft werden darf. Es ist nämlich die Möglichkeit der Benützung des Zugzwanges gleich der völligen Beherrschung des gesamten Materiales der verteidigenden Partei, wodurch eben die Notwendigkeit der Wirkung einer bestimmten, direkten Drohung innerhalb der Zügezahl des Problemes entfällt und während im Endspiel der Partie und auch bei problemgemäßer Matführung des Roi dépouillé die Ausnützung der Zugpflicht ein einfaches, natürliches Mittel zur raschen Erreichung des Zweckes ist, gewinnt die Zugzwangsbildung beim Vorhandensein eines größeren Verteidigungsmateriales, mit Rücksicht auf die notwendige Vorführung eines kunstgerechten Ideenspieles und auf eine befriedigende Variantenbildung die Bedeutung einer kunstvollen Vorausberechnung und feinen Benützung aller aus den Steinen der beiden Parteien und deren Aufstellung sich ergebenden Angriffs- und Verteidigungskombinationen, welche Leistung dann jedenfalls die beste Drohungskombination überragt, weil diese letztere in der Regel immerhin die Herbeiführung der Ideevariante erleichtert und auch sonst dem Komponisten größere Freiheit der Bewegung gewährt. Dabei ist es selbstverständlich ganz gleichgültig, ob der Komponist von vornherein (aus der Position ersichtlich) die bloße Benützung der Zugpflicht in Aussicht nahm (z. B. Diagramm 20) oder ob es ihm erst im Verlaufe der Konstruktionsarbeit gelang, die ursprüngliche Drohung überflüssig zu machen (z. B. Diagramm 37 verglichen mit Diagramm 97); ob die Durchführung der Idee überhaupt nur mittels Ausnützung des Zugzwanges möglich ist (z. B. Diagramm 5) oder ob eine hinsichtlich der Zügezahl nur eben über den Rahmen des Problemes hinausgehende Drohung vorhanden blieb (z. B. Diagramm 41), bez. ob die ursprüngliche Drohung eine Variante des Zugzwangproblemes wurde (z. B. Diagramm 18) etc., weil alle diese Fragen keine besondere Klassifikation der Zugzwangaufgaben verursachen können. Wie es aber, verglichen mit einem Probleme, in welchem eine Drohung wirkt, unbestreitbar die höchste Leistung ist, wenn es dem Komponisten in einem Erzeugnisse größeren Stiles gelang, außer der kunstgerechten Vorführung einer guten

Idee auch noch das Mittel zur Herbeiführung der Lösung bis zur bloßen Ausnützung der Zugpflicht abzuschwächen, ohne die Anwendung dieses Mittels etwa durch eine unschöne Anfangsposition zu verraten, so ist es anderseits vom Standpunkte der Kunstkritik aus verwerflich, wenn dem Bestreben, ein Zugzwangproblem zu konstruieren, wichtige Kunstgesetze geopfert werden und das eine Kunstmoment, nämlich die Ausnützung der Zugpflicht, den ganzen im übrigen verfehlten oder armen Inhalt der Komposition, sowie insbesondere auch die schlechte Anfangsposition decken soll. An Stelle einer Kunstleistung hätte der betreffende Komponist nur eine wertlose Künstelei zu stande gebracht.

Diese zuletzt erwähnte verfehlte Auffassung muß übrigens auch jeder Drohungskombination gegenüber vermieden werden, da weder ein Zugzwang, noch die feinste Drohung den ganzen, guten Inhalt des Problemes ausmachen können und sollen, sondern diese, wie jener nur bestimmt sind, dem Ideenkerne die bestmögliche Umkleidung zu sichern. Es giebt originelle Ideen oder Ideenvereinigungen und Doppelwendungen, welche an sich schon genügend sind, den kunstsinnigen Löser zu befriedigen, bez. welche doch einen schwierigen Lösungsverlauf des Hauptspieles verursachen, wenn auch die Herbeiführung der Lösung nur mit starken Drohungen möglich ist; es kommen ferner Fälle vor, wo der Komponist die feinere Drohung oder den Zugzwang erst im zweiten (event. dritten) Zuge des Problemes anzubringen vermag und demnach den ersten Zug weniger fein gestalten kann, weil eine im Verlaufe der Lösung hervortretende Pointe auf die Gestaltung der Eröffnungszüge bestimmenden Einfluß nimmt; es ist endlich zuweilen eine kurze, nur aus Zügen mit Schachgebot bestehende Drohung durch besondere, aus der Position erklärbare Umstände, insbesondere durch den Charakter des die Drohung einleitenden ersten Lösungszuges selbst, namhaft verbessert und an Schwierigkeit des Durchblickens einer stillen Drohung nahe gebracht, so daß es allen diesen Umständen gegenüber erklärlich erscheint, wenn nicht selten der Mangel einer stillen Drohung oder eines Zugzwanges durch den Inhalt und die Konstruktion des Problemes als völlig gerechtfertigt angenommen wird und es dürften die Diagramme 21—28, 42, 46—48 in dieser Hinsicht zutreffende Beispiele bieten. Auch ein anderer Umstand noch, das Zusammentreffen der Drohung mit der Autorlösung, also das Fehlen einer selbständigen Drohvariante, wird selbst in dem Falle, wo diese gleichzeitige Drohungs- und Ideevariante nur aus Zügen mit Schachgebot besteht, nicht als Mangel empfunden werden können, sobald das Problem einen originellen oder verzweigten und übrigens kunstgemäß konstruierten Inhalt hat (z. B. Diagramm 10), weil ja dann das Aufgehen der Drohung in das Hauptspiel durch die besondere Idee innerlich begründet ist und zum mindesten eine die Lösung etwa erleichternde stärkere Drohung a priori ausgeschlossen ist. Dagegen ist es aber eine wirkliche Konstruktionsschwäche, wenn mit dem ersten stillen Zuge des Problemes ein augenblickliches (also einzügiges) Mat gedroht wird, weil in diesem Falle der auf die angegriffene Partei geübte Zwang fast ebenso groß, demnach die Zügewahl fast ebenso beschränkend ist, wie bei einem Zug mit Schachgebot, so daß die stille Einleitung nicht zu genügender Bedeutung gelangt und die Komposition wieder den Eindruck eines künstlich verlängerten Erzeugnisses hervorrufen muß. Nachdem in den sämtlichen drei- bis fünfzügigen Problemen der Abteilung II des Buches eine solche einzügige Matdrohung stets vermieden ist, dürfte wohl der Beweis geliefert sein, daß jeder Komponist dieses Mittels entbehren kann. Zweizügige Probleme machen selbstverständlich von dieser Regel eine Ausnahme; da es indessen bei so kurzer Entscheidung außerordentlich wichtig wird, den Löser zur Untersuchung der Bedeutung jedes einzelnen Steines zu zwingen, so ist eine gute Ausnützung der Zugpflicht um so angezeigter, als es bei so geringer Zügezahl auch möglich wird, den Zugzwang in ästhetisch befriedigender Form zu konstruieren. Der Drohungszug in einem zweizügigen Problem muß folgerichtig stets Apartes bieten, wenn er mit einem bloß zurechtstellenden Zug erfolgreich konkurieren soll.

Den vorangeschickten Ausführungen gemäß ergiebt sich nun ein fünftes Kunstgebot, welches die indirekte Herbeiführung des Ideenspieles betrifft und in kürzester Fassung lautet: Der Komponist soll mit dem ersten Lösungszuge entweder nur die zweckmäßige Aufstellung der Steine der Angriffspartei derart vollenden, daß erst die Zugpflicht der Verteidigungspartei die beabsichtigte Lösung ermöglicht oder aber — wenn die Benützung des Zugzwanges nicht, bez. nur mit Verschlechterung des Inhaltes oder der Anfangsposition möglich ist — mit dem ersten Zuge eine mindestens einen stillen Zug enthaltende und womöglich auf die ganze noch übrige Zügezahl abgeschwächte Drohungskombination als Mittel zur Herbeiführung der Ideevariante verbinden. Eine durchwegs aus Zügen mit Schachgebot bestehende Drohung muß insbesondere in dreizügigen Problemen, sowie in jenen vier- und fünfzügigen Kompositionen, in welchen dieselbe zugleich nur zwei, bez. zwei und drei Züge umfaßt, ebenso wie das etwaige Zusammenfallen der Drohvariante mit dem Ideenspiele entweder durch den besonderen Charakter dieser Drohung oder durch den besonderen, resp. reichen Inhalt des Problemes, sowie insofern gerechtfertigt sein, als die Möglichkeit einer besseren Darstellung der betreffenden Idee nicht bestimmt vorausgesetzt werden kann. Eine bloß aus einem Zuge bestehende Drohung soll in Problemen von drei und mehr Zügen als ungenügende Leistung grundsätzlich vermieden werden.

Die Motivierung des vorstehenden Kunstgesetzes ist bereits erfolgt und es kann außerdem auf die Praxis der hervorragendsten neueren Komponisten hingewiesen werden, deren anerkannt guten Erzeugnisse den hier zusammengefaßten Grundsätzen längst schon Geltung verschafften. Die Abteilung III dieses Buches wird übrigens noch Gelegenheit bieten, obige theoretische Sätze auch durch praktische Beispiele und entsprechende Vergleichungen im Detail zu begründen. Die im Verlaufe der Lösung (also vom zweiten, dritten Zuge der Autorlösung an) möglichen Drohungskombinationen und Zugzwangsnutzungen kommen hier nicht weiter in Betracht, da dieselben zu innig mit der Problemidee verwoben sind, als daß in dieser Hinsicht bestimmte Regeln bestehen könnten; es kann daher von denselben nur allenfalls noch dort die Rede sein, wo das freie Walten des Kunstsinnes des Komponisten beleuchtet wird.

Hingegen muß hier noch eine andere Frage zur Erörterung gelangen. Es wurde nämlich in diesem Abschnitte konsequent von einer Drohung gesprochen, welche mit dem ersten Zuge des Problemes verbunden ist und dieser Umstand könnte dahin gedeutet werden, daß das gleichzeitige Wirken mehrerer verschiedener Drohvarianten ein Verstoß gegen das Kunstgesetz sei. Dem ist aber nicht so. Die Problemkomposition hat nicht die Aufgabe, die innere Natur des Schach zu umstalten und wer den mächtigen Einfluß der guten Entwickelung, bez. der offenen Linien im praktischen Spiele kennt, der wird wissen, daß die tausend Möglichkeiten in einem mit vielen gut postierten Steinen ausgestatteten Probleme so gut wie unbezähmbar sind. Demnach muß es immer nur als ein unvorherberechenbares Vorkommnis betrachtet werden, wenn bei Ausarbeitung der Problemidee die bloße Wirksamkeit einer einzigen zugleich als korrekte Variante verwendbaren Drohung möglich wird, was wohl am besten aus der Thatsache erhellt, daß in den 77 nicht auf Zugzwang basierten Erzeugnissen der Abteilung II des Buches der erste Zug nur 24 mal derart konstruiert ist. Die Schwierigkeit der Einführung einer einzelnen guten Drohung in das Problem wird nun allerdings durch die strenge Befolgung aller übrigen Kunstgesetze erhöht; doch darf hierin kein Beweis für die Notwendigkeit einer ausgiebigen Lizenz hinsichtlich der Beobachtung der anderen Kunstregeln gefunden werden, denn während z. B. die Normen hinsichtlich Matreinheit und Figurenökonomie klar gegeben und richtig erfüllt werden können, würde die Forderung nach einfacher, durchaus korrekter Drohung selbst dann noch nicht mit Sicherheit in jedem Falle zu erfüllen sein, wenn der Komponist von der Befolgung der obenerwähnten Kunstgesetze gänzlich dispensiert wird. Infolge dessen faßt die Kunstkritik die Existenz mehrerer Drohvarianten in Problemen größeren Stiles als gewöhnliches Vorkommnis auf und wird die Mehrzahl als Einzahl betrachten, bez. derart rechnen, daß die vorkommende stärkste Drohung als Maßstab der Leistung gilt, ganz abgesehen davon, ob die Drohung in der Lösung als Variante erscheint oder nicht. Der Fall, daß eine Drohung überhaupt nicht zur Ausführung gelangen kann, weil jeder mögliche Gegenzug von Schwarz verhindernd wirkt, ist nun auch von keinem Belang, weil die wirklich vorhandene Drohung den Qualitätsmaßstab giebt und diese als Variante ohnehin nicht unbedingt in der Lösung erscheinen muß. Ist die Drohung dieser Art eine stille und von der Zügezahl des Problemes (nämlich x—1), so mag man sie auch dem Zugzwang gleichstellen, weil dann ein wesentlicher Unterschied in dem Eindruck und in der Wirkung nicht mehr besteht.

f. Bildung von Varianten und Verführungen.

Wenn in der Partie jene Kombinationen, welche den Sieg indirekt herbeiführen, mit Berücksichtigung mehrerer möglicher Gegenzüge entworfen werden müssen, so haben diese Kombinationen offenbar einen ungleich höheren Schwierigkeitsgrad und Leistungswert, als wenn nur eine einzige mögliche Antwort zu erwägen und die Unzulänglichkeit derselben vorauszuberechnen war. Dabei ist es hinsichtlich der Schwierigkeit der Vorausberechnung gewöhnlich von geringer Bedeutung, ob die Qualität dieser mehreren Verteidigungszüge eine verschiedene ist, d. h. ob der eine Gegenzug die Öffnung der entscheidenden Blöße oder die Terrainaufgabe länger hinausschiebt als der andere, weil ja der Spieler doch jede entstehende Variante durchprüfen muß, bevor er des Erfolges seines geplanten Manövers sicher ist und weil ferner nicht vorausgesetzt werden kann, daß jede Variante stets nur eine einzige Lösungsart gestatten oder der kalkulierende Spieler von mehreren möglichen Erledigungsweisen immer sofort die beste, nämlich die kürzeste erblicken wird. Die gleichen Verhältnisse, wie sie hier zunächst in Betreff der in der Partie vorkommenden Ablenkungs- oder Einschließungskombinationen geschildert sind, kommen auch im Probleme zur Geltung, so daß schon das bloße Vorhandensein mehrerer Gegenzüge ohne Rücksicht auf deren Gehalt a priori als Schwierigkeitsmoment aufgefaßt werden muß, weil ja jeder möglich

Verteidigungszug den Löser zur Berechnung der Konsequenzen desselben zwingt und weil die Gelegenheit zu Über- oder Unterschätzung des Wertes einzelner Defensivzüge durch die beste, wie durch die schlechteste Variante nahe gelegt wird. Demnach wird der Komponist bei Verkörperung der Problemidee, sofern dieselbe nicht schon an sich aus einem Variantenkomplex besteht (siehe Diagramm 37), von mehreren möglichen kunstgerechten Positionsbildungen stets eine solche vorzuziehen haben, in welcher der angegriffenen Partei eine größere Anzahl von Verteidigungszügen zu Gebote steht und er vermag auch in der That (wie schon Seite 12 hervorgehoben wurde) in dem ersten stillen Lösungszuge, sowie in der mit demselben verbundenen schwachen Drohung, bez. bloßen Zurechtstellung das Mittel zu finden, die größtmöglichste Anzahl verschiedener Verzweigungen zu erzielen, wobei selbstverständlich darauf zu achten ist, daß jede Verzweigung innerhalb der Zügezahl des Hauptspieles zum Ziele führt.

Es geht aber seine Aufgabe noch weiter. Während nämlich im lebenden Spiele bloß die günstige Erledigung der Varianten im Sinne der Absicht des kombinierenden Spielers maßgebend ist, kommt im Probleme wieder die Veredelung der einzelnen Varianten selbst, sowie in Konsequenz davon zugleich die Bereicherung des ganzen Problemes durch die Varianten in Betracht. Denn der Komponist hat es oft (nicht immer!) in der Macht, einerseits einzelne Varianten, welche sich kürzer erledigen lassen, bis zur Zügezahl des Problemes zu erweitern, anderseits einzelne Abzweigungen, welche eine doppelte oder überhaupt mehrfache Erledigung zulassen, derart zu korrigieren, daß dieselben nur mehr auf eine Art und zwar in der Zügezahl des Problemes zu lösen sind; er kann aber insbesondere zuweilen einzelne Varianten derart verbessern, daß sie sowohl hinsichtlich des kunstgerechten Verlaufes der (allein möglichen) Lösung, als hinsichtlich der reinen Matstellung dem Ideenspiele nahezu oder sogar zuweilen völlig ebenbürtig werden und in diesem letzteren Falle ist sodann die ungleich wichtigste Vermehrung des Probleminhaltes erfolgt. So geschah z. B. im Diagramm 12 durch Aufstellung eines schwarzen Läufers auf g2 eine nicht unbedingt nötige, aber offenbar verbessernde Variantenbildung, weil dieser Läufer mehrere Diagonalmats herbeiführt und überdies die unauffälligste Widerlegung des Zuges 1. Dh5—g4 (Lg2—f3!) gestattet; so ist im Diagramm 45 durch Aufstellung eines schwarzen Bauers auf g7 die Variante 1. . . ., Sb3—c5; 2. Da7—a1†, Ke5×f4 auf einfache Weise wegen der nun notwendigen Fortsetzung 3. Da1—c1†, Kf4—e5; 4. Dc1—g5 bis zur Zügezahl des Problemes erweitert; so ergiebt sich im Diagramm 55 für die Variante 1. . . ., Sb7—a5, welche sonst mehrfach zu erledigen wäre, eine einfache Korrektur durch Postierung des weißen Königs auf a1, weil nun wegen des drohenden Springerschachs nur mehr die Opferkombination 2. Lb5—d7† durchgreifend ist; so ist endlich im Diagramm 25 gegen die ursprüngliche Aufstellung, welche in der Abteilung III dieses Buches genau erwähnt ist, eine bedeutende Verbesserung dadurch erzielt, daß nunmehr der Sg3 den Se4 schlagen und damit eine dem Ideenspiele (2. Td3—d5) gleichwertige Secondvariante provozieren kann, durch welche, den heutigen Anforderungen nach, das unter einer unvermeidbaren starken Drohung leidende Erzeugnis überhaupt erst verwendbar wird.

Zur Variantenbildung oder Veredelung darf indessen, außer der notwendigen Stärkung der Verteidigungspartei durch bessere Postierung, resp. knapp entsprechende Vermehrung ihrer Steine, nur wesentlich noch das Mittel der vielseitigen Benützung, bez. zweckentsprechendsten Aufstellung der schon vorhandenen, zum Ideenspiele nötigen Figuren der angreifenden Partei in Anwendung kommen, da die Gesetze hinsichtlich Matreinheit und Figurenökonomie für einen solchen Nebenzweck höchstens eine Vermehrung der Bauern (selbstverständlich auch die Mitverwendung des Königes als Deckungsstein), niemals aber eine etwaige Verstärkung der Zahl der Offiziere des Siegers bis zum Entstehen eines Überschusses in der Schlußposition gestatten und es wohl an sich schon einleuchtend ist, daß von einer kunstvollen (innerhalb bestimmter Schranken auf das beste gelungenen) Vermehrung des Probleminhaltes nur dann die Rede sein kann, wenn dieselbe lediglich aus dem tiefen Erfassen und der besten Ausnützung der gegebenen Grundposition, nicht aber aus dem bloßen Anhängen neuer Varianten mit Hilfe unökonomisch hinzugefügter Angriffsfiguren resultiert. Hieraus folgt zugleich, daß die Korrektur einzelner Varianten im Sinne der Verlängerung bis zur Zügezahl des Problemes, bez. der Ausschließung mehrfacher Lösungsarten, sowie die Bildung sogenannter Secondvarianten weder dem Komponisten vorgeschrieben, noch von demselben stets erzwungen werden kann, sondern das Ergebnis derjenigen freien Geistesthätigkeit ist, welche die Problemidee überhaupt, sowie die dazugehörige erste (Grund-)Position zu tage bringt. Da es nun an sich schon eine gute Anlage verrät, wenn der Komponist durch schwache Drohung oder Zugzwangsbildung im ersten Lösungszuge einerseits, sowie durch sichtlich berechnete Stärkung der Verteidigung anderseits, von vornherein die Variantenbildung auf das beste förderte, so gilt eben vom Standpunkte der Kunstkritik aus der ganze Komplex korrekter Varianten als der vom Autor beabsichtigte Inhalt des Problemes (dessen Kern das eigentliche Ideenspiel bildet), während die noch übrigen kürzeren oder inkorrekten

Varianten als veränderungsunfähiger Leistungsüberschuß anerkannt und, im Sinne der früheren Ausführung, keineswegs als gänzlich wertloser oder gar entwertender Ballast, sondern noch immer als Schwierigkeitsmoment aufgefaßt sind. In der That wird jede größer und tiefer angelegte Komposition, welche einen reichen Inhalt hat, zugleich einen großen Leistungsüberschuß an zu kurzen oder doppellösigen Varianten enthalten und es sind in dieser Hinsicht die Diagramme 70, 72 und 95 instruktiv.

Das Schwierigkeitsmoment, welches allen Varianten, den guten wie den schlechten, innewohnt, kommt im Probleme während der Lösungsarbeit hauptsächlich durch Verführungen, d. i. Ablenkungen von dem Anfaßpunkte, zum Ausdrucke, die in größeren Problemen durch die gute Aufstellung der Angriffsfiguren schon von selbst entstehen und in Erzeugnissen von beschränkter Zügezahl mit Benützung der schon vorhandenen Verteidigungskräfte absichtlich gebildet werden sollen. So dürfte gleich im ersten vierzügigen Probleme (Nr. 42) die Aufstellung des weißen Turmes und des Läufers für einen Moment irreführend wirken, weil sie die Bildung eines Abzugsmats vermuten läßt, und doch hat der Autor den Turm nur deshalb auf f6 postiert, weil er von dort aus die Felder f4, f3 und f2 wirksam bestreicht; so werden die vielen möglichen Züge des weißen Turmes im Probleme 61 an sich schon ohne Zuthun des Autors manche Täuschung verursachen und es konnte zur Widerlegung des scheinbar stärksten Turmzuges 1. e5—e3 gerade ein solcher Gegenzug (d5 × c4) benützt werden, welcher in der Autorlösung sowohl, als auch in jeder durch einen anderen Turmzug entstehenden Scheinlösung nur eine überschüssige, weil zu kurze, Variante herbeizuführen vermag. Die absichtliche Bildung mutmaßlicher (wahrscheinlicher) Verführungen wird in Problemen von kurzer Zügezahl, nämlich in dreizügigen und insbesondere in zweizügigen Kompositionen, aus dem Grunde zum Gebote, weil die Durchsichtigkeit so kurzer Kombinationen die beste und allseitige Ausnützung jener Gelegenheit zur Verhüllung des Ideenkernes verlangt, welche in einer guten Konstruktion des Einleitungszuges, bez. in einer guten Aufstellung der benützten Steine dargeboten ist und die grundsätzliche Nichtbenützung dieses noch immer natürlichen (ungekünstelten) Behelfes mit Recht die Unterstellung herbeiführen könnte, als beruhe das System der modernen Problemkunst einseitig auf der Pflege der Schönheit, während die sorgfältige (allerdings gewöhnlich mühsame!) Befolgung der Kunstgesetze stets zugleich allen Kompositionen einen gehörigen Schwierigkeitsgrad zu verleihen vermag. So ist in allen zweizügigen und in den meisten dreizügigen Problemen der Sammlung (in der Abteilung II dieses Buches) eine Verführung in die Position zu legen versucht und eine Ausnahme nur dort gemacht, wo der Lösungsverlauf aus besonderen Gründen schon an sich schwerer zu erkennen ist. In ersterer Hinsicht sei hier nur auf das schon erwähnte Diagramm 12 mit der Verleitung zu dem Zuge 1. Dh5—g4 hingewiesen, während in letzterer Hinsicht das Diagramm 34 vorläufig als Beispiel citiert werden kann, bis über die Verführungskombinationen in der Abteilung III des Buches weiter die Rede ist.

Das Kunstgesetz, betreffend die Variantenbildung und die Erzielung von Verführungen, lautet nun: Der Komponist soll bei Darstellung einer Problemidee, welche nicht schon an sich aus einem bestimmten Variantenkomplex besteht, den ersten (stillen) Einleitungszug, resp. die damit verbundene schwache Drohung oder bloße Zurechtstellung derart zur Stärkung der Verteidigung benutzen, daß womöglich stets mehrere variantenbildende Gegenzüge entstehen und dadurch zunächst der rasche Überblick für den Löser, sowohl wegen des größeren Umfanges der Lösungsarbeit, als auch wegen der entstehenden Verführungen, erschwert erscheint. In Problemen von nur zwei oder drei Zügen insbesondere muß der Komponist die Verführungen durch unauffällige Benützung der vorhandenen Verteidigungsmittel mit Vorbedacht selbst herbeiführen und er wird von dieser Pflicht nur durch einen an sich schon genügend schwierigen Lösungsverlauf befreit. Die Variantenbildung soll überdies durch gute Verwendung der Figuren des Angreifenden, sowie durch ökonomische Zuhilfenahme von Bauern der attakierenden und von Offizieren und Bauern der verteidigenden Partei derart erfolgen, daß eine möglichst große Anzahl nur in einer Art lösbarer, die Zügezahl des Problemes umfassender und einen eleganten Lösungsverlauf bietender Abzweigungen entsteht und es werden die sämtlichen Varianten dieser Art bei absoluter und vergleichsweiser Beurteilung des Wertes der Probleme als beabsichtigte Inhaltsvermehrung gerechnet. Ist auf diese Weise ein genügend reicher Probleminhalt erzielt, so wird dann angenommen, daß die übrig gebliebenen, nicht korrigierten Varianten als veränderungsunfähig zum bloßen Zwecke der Erschwerung der Lösungsarbeit vorhanden sind, während dagegen ein schwacher, innerhalb einer großen Anzahl nicht korrigierter Varianten befindlicher Ideenkern selbst im Falle genügender Schwierigkeit als unharmonische und daher künstlerisch ungenügende (aber nicht inkorrekte!) Leistung betrachtet wird.

Dieses Kunstgesetz hat folgende wichtige Konsequenzen: Es erweitert erstens das Schaffensgebiet des Komponisten, indem es zur Benützung jener Gelegenheiten zwingt, wo außer der ursprünglich gedachten einfachen Problemidee noch die Bildung schöner Secondvarianten möglich wird, und indem es ferner die Anregung giebt, von vornherein die Vereinigung zweier oder mehrerer Problemideen und überhaupt die kunstvolle Erweiterung des Probleminhaltes in das Auge zu fassen. Zweitens bedingt es die Forderung, daß der Komponist den beabsichtigten Inhalt auch wirklich korrekt zur Darstellung bringe, denn eine durch bestimmte Anzeichen der beabsichtigten Herbeiführung markierte schöne Variante würde in dem Falle, als sie eine zweite oder mehrfache Lösung zuließe, das teilweise Mißlingen der Bestrebung des Komponisten bekunden und den Kunstwert des Problemes in dem Maße entsprechend reduzieren, als das Ideenspiel an sich ungeeignet ist, einen derart bedeutenden Eindruck hervorzurufen, wie ihn die größere Anlage des Problemes und die große Anzahl der inkorrekten, einen Leistungsüberschuß darstellenden Varianten bedingt. Indem es hierbei aber in richtiger Würdigung des Wertes der Variantenbildung überhaupt, nur eine entsprechende Reduktion des Kunstwertes eintreten läßt, beweist das Kunstgesetz drittens, daß ein Problem, welches (wenn auch noch so viele) inkorrekte Varianten enthält, dadurch nicht aufhört, anderen Erzeugnissen gegenüber konkurrenzfähig zu sein, weil die bloße Existenz des kunstgerechten, nur auf eine Art lösbaren Ideenspieles bereits hinreicht, der Komposition den Rang eines Schachproblemes zu sichern, während umgekehrt bei Inkorrektheit der Ideevariante das Erzeugnis aufhört, Problem zu sein, sobald sich unter den korrekten Varianten keine solche vorfindet, welche ihrem kunstgerechten Verlaufe zufolge noch ein genügendes Problemmotiv enthält und somit als ein vorhanden gewesenes zweites Hauptspiel betrachtet werden kann. Viertens erkennt es die Existenz inkorrekter und kürzerer Varianten als eine unvermeidliche Konsequenz des Strebens nach werterhöhender Inhaltsmehrung an und stellt die Korrektur einer Variante mit uneleganten Lösungsverlaufe als irrelevant hin, weil sich durch eine solche, wenn auch korrekte Abzweigung ohnehin keine Werterhöhung des Problemes ergiebt. Es fordert dagegen auch nicht den Versuch einer Kürzung der Zügezahl inkorrekter Varianten, weil die kurze korrekte gleich der langen inkorrekten Abzweigung als Leistungsüberschuß gilt und nimmt auch für die Drohung keine besondere Stellung in Anspruch, weil dieselbe erst in zweiter Linie den Zweck hat, als Variante des Problemes zu dienen und als solche ebenfalls nicht unbedingt die ganze noch übrige Zügezahl des Problemes, sowie einen eleganten Inhalt entfalten muß. Fünftens ergiebt sich durch dieses und die anderen Kunstgesetze, daß ein sonst wohl konstruiertes Problem mit einem schönen Ideenspiele überdies noch immer gegenüber einem ideenarmen oder sogar im allgemeinen schlecht konstruierten, aber in den Varianten durchaus korrekten Problem den Vorrang behauptet, wenn auch die schöne Autorvariante von vielen inkorrekten Nebenspielen umgeben ist und selbst die vom Autor gedachte Vermehrung des Probleminhaltes durch Demolierung von Varianten (Auffindung von duals oder doubles coups in den Varianten) vereitelt ist, denn die grundsätzliche Verurteilung der variantenreichen Anlage einer guten Idee wegen Doppellösungen, bez. der Zwang, vor allem anderen die Korrektheit der Varianten bis in das letzte Glied zu sichern, wäre der Aufstellung eines neuen einzigen, über die bestandenen (Matreinheit, Ökonomie etc.) sich erhebenden Kunstgebotes gleich, welche weder durch das Beispiel der Problemmeister nahe gelegt, noch durch ein Bedürfnis der Problemkunst gerechtfertigt ist.

Das in diesem Kapitel erörterte Kunstgesetz erscheint vielmehr gerade dadurch am besten begründet, daß erfahrungsgemäß die Vorführung groß angelegter, einen reichen Inhalt bergender Probleme überhaupt nur fähigen, routinierten Komponisten gelingt. Auch diese müssen stets auf die genaue Erforschung der Position einen großen Aufwand an Zeit und Mühe verwenden, ohne daß in der Regel mehr als ein Teil der Verteidigungszüge zur Bildung selbständiger, veredelter Varianten, demnach zur Vermehrung des Probleminhaltes verwertbar wird.

Es versteht sich wohl von selbst, daß die der verteidigenden Partei nach dem ersten Lösungszuge des Angreifers zu Gebote stehenden Gegenzüge nicht durchaus eigentliche Verteidigungszüge sein können, weil dies in der Natur des Schachspieles überhaupt liegt und speziell im Probleme zunächst schon durch den Begriff Zugzwang und sodann durch die unvermeidliche Anerkennung der Existenz eines verbesserungsunfähigen Leistungsüberschusses an Varianten bestätigt wird. Es giebt daher in den Matkompositionen ganz gewöhnlich auch indifferente Züge, welche entweder an der ursprünglichen Drohung nichts ändern (daher je nach dem Werte derselben, und allenfalls mit anderen Zügen gemeinschaftlich, die Einreihung als gute oder schlechte Varianten finden) oder sogar die auf Mat gerichtete Absicht des Angreifenden fördern, indem sie neben der Drohungskombination neue Angriffsgelegenheiten eröffnen (z. B. Diagramm 29); ferner ergeben sich ausgesprochen schlechte Züge, welche allenfalls die Ausführung der Drohung wohl verhindern, aber dafür andere kürzere oder mehrfache Wege zum Mat eröffnen und diese letzteren Entgegnungen kommen insbesondere auch bei bloßer Ausnützung der Zugpflicht vor, indem zuweilen die Bewegung eines einzelnen Steines unvermeidlich zwei oder mehrere Blößen zugleich offen legt. Diese Thatsache ladet nun allerdings zu einer Scheidung des Probleminhaltes in drei Teile ein, nämlich a) in Haupt- oder Ideenspiele, b) in eigentliche Varianten, welche aus der Abwehr der Drohungen entstehen, ohne daß sie Ideenspiele sind, und c) in Varianten, welche aus indifferenten oder schlechten Antworten resultieren; doch hat diese Einteilung keinen theoretischen Wert, denn wollte man z. B. an die unter b) angegebenen Varianten die Forderung völliger Korrektheit knüpfen, so würde man zunächst den Zugzwangproblemen eine ungerechtfertigte Ausnahmsstellung einräumen (die Ausnützung der Zugpflicht soll ja auch nur ein Mittel zur Herbeiführung des Ideenspieles sowie der Varianten sein, wie die Drohung) und ferner hinsichtlich der in der gewöhnlichen Art konstruierten Probleme den Komponisten verpflichten, daß er der Variantenbildung stets eine bestimmte, allein vorhandene Drohung zu Grunde lege (also alle anderen etwa vorhandenen unterdrücke), eine Forderung, welche bei der Mehrzahl der Probleme unerfüllbar ist.

Die Variantenbildung im weiteren Verlaufe der Lösung (nach dem ersten Zuge) kommt aus dem schon im letzten Kapitel erörterten Grunde hier nicht weiter in Betracht; dagegen muß hervorgehoben werden, daß im Sinne des Kunstgesetzes das Haupt- oder Ideenspiel in allen Zügen korrekt sein muß, weil durch dasselbe die wirkliche Absicht des Autors unverfälscht zur Geltung kommen soll. Daher muß z. B. nach Demolierung einzelner Verzweigungen eines variantenreichen Hauptspieles mindestens noch eine bis auf den letzten Zug gute Variante in intendierter Form bestehen bleiben, wenn das Erzeugnis noch als korrektes Problem gelten soll, und darf insbesondere auch eine Umstellung des ersten und zweiten Lösungszuges nur in solchen Kompositionen vorkommen, deren Idee zu Variantenbildungen im ersten oder zweiten Zuge ungeeignet ist.

g. Gut gegliederte und elegante Durchführung der Problemidee im Hauptspiele.

Die bisher erörterten Kunstgesetze haben zur Konsequenz, daß die einzelnen Lösungszüge gewöhnlich einen von einander merklich verschiedenen Charakter aufweisen werden und dieser sodann im Lösungsverlaufe scharf ausgeprägt zur Geltung kommen muß. So wird der erste Lösungszug in der Regel wenig aggressiv sein, weil er lediglich durch eine schwache Drohung oder Zugzwangsnutzung die übrigen Lösungszüge des Ideenspieles herbeiführen soll, während der dem Matzuge vorangehende schachbietende Zug bestimmt ist, durch besonders starke Kraftentwickelung das Hereinziehen des Königs in die Matnetze mit einem Schlage zu erwirken; so soll der letzte Zug, der keinen weitergehenden Einfluß mehr zu üben vermag, die beste Ausnützung der Kraft des matsetzenden Steines, sowie indirekt der Angriffsfiguren überhaupt demonstrieren, während solcher Zweck jedem anderen Zuge fern liegt. Diese Züge von verschiedenem Charakter vermögen eben in ihrer gehörigen Aufeinanderfolge das Schürzen des Knotens vom richtigen Momente an in konsequenter Aufeinanderfolge bis zum erreichten Mat zur Darstellung zu bringen und der Komponist hat es somit bei richtiger Erkenntnis dieses Umstandes auch in der Macht, in seinen Erzeugnissen stets ein kunstvolles Entstehen der (engeren) Matkombination einerseits, sowie einen tadellos schönen oder doch genügend interessanten Ausgang andererseits zu sichern, indem er die Anfangs- wie die Schlußzüge rücksichtlich ihrer Wirkung stets mit sinngemäßer Beobachtung der Kunstgesetze entwirft.

Es findet nun für ihn die Zweiteilung des Problemes durch Einleitung und Matführung, die Vermeidung einer ungehörigen (zu großen oder zu kleinen) Zügezahl des Problemes etc. eine neuerliche bestimmende Erklärung; außerdem bietet ihm aber die Erkenntnis der Bedeutung des systematischen Zusammenwirkens von Zügen verschiedenen Charakters eine befriedigende, nicht lediglich auf die abstrakten Gebote der Ästhetik basierte Beantwortung der Frage, ob und wie weit das Schlagen von Steinen der verteidigenden Partei als beabsichtigtes Mittel zur Herbeiführung der Lösung verwendbar ist. Es zeigt sich nämlich zunächst, daß die Wegnahme eines Offiziers oder eines wichtigen Bauers im ersten Zuge der Lösung schon aus dem Grunde nicht erfolgen darf, ohne den Kunstwert des Problemes erheblich zu reduzieren, weil auf solche Art die Lösung im unrichtigen Momente (zu früh oder zu spät) beginnt. Denn ein solcher Zug, welcher auch in der Partie, wenn kein bloßer Tausch vorliegt, nur auf einem vorher errungenen Positionsübergewichte beruhen kann (gleichviel ob die Wegnahme des Steines durch einfachen Raub oder auf Grund einer wohlberechneten Opferkombination erfolgt), wird niemals eine geeignete Einleitung der in sich abgeschlossenen Darstellung einer Matkombination sein, weil er den vorangegangenen imaginären Partieverlauf zu sehr in den Vordergrund rückt und die Lösung gewissermaßen mit dem Ziehen des Resultates einer früher erfolgten (supponierten) Zugreihe oder mit dem Durchhauen eines früher geschürzten Knotens oder endlich mit einem das Problem unnötig verlängernden Tausche eröffnet. In zweiter Linie ergiebt es sich, daß die Wegnahme eines Offiziers oder eines wichtigen Bauern der angegriffenen Partei im Lösungsverlauf des Ideenspieles nur auf Grund der dahin zielenden

Kombination erfolgen darf, weil die ohne innere Begründung erfolgende Aufgabe und Wegnahme eines wichtigen Steines zum mindesten eine schlechte Konstruktion des Problemes zu erkennen giebt, die der verteidigenden Partei keine genügende Anzahl kräfteerhaltender Verteidigungszüge offen ließ. Denn das Problem soll ein selbständiges, wohl eingeleitetes und wohl abgeschlossenes Stück Schachpartie sein, in welchem zwar der große Kampf um den Sieg bereits von vornherein entschieden erscheint, in dem sich aber doch alle Feinheiten der Partie, wie sie Streit und Widerstreit ergeben, wiederspiegeln können, weil nunmehr von der siegenden Partei das kürzeste Mat angestrebt wird und gerade dieses Bestreben jedem Steine der verteidigenden Partei, er mag von Anfang an en prise stehen oder nicht, eine große Wichtigkeit verleiht. — Wie das Hinzielen der Kombination auf die entscheidende Eroberung eines feindlichen Offizieres oder eines wichtigen, hindernden Bauern zu verstehen ist, geht z. B. aus den Diagrammen 31 und 40 der Abteilung II dieses Buches hervor und es muß insbesondere beachtet werden, daß nur die Eroberung einer gut postierten, d. h. viele Felder bestreichenden Figur als genügendes Lösungsmotiv in Betracht kommen kann, da sich dies schon aus der Notwendigkeit vollendeter Darstellung jeder Problemidee ergiebt.

Es ist übrigens nicht der Raub eines wichtigen Verteidigungssteines allein, welcher mit Rücksicht auf den stilgerechten Lösungsverlauf und selbstverständlich zugleich aus Gründen der Ästhetik als unzulässiger Anfangszug bezeichnet werden muß, denn es war schon in den früheren Kapiteln von dem Beginne der Lösung durch einen schachbietenden Zug einerseits, sowie durch einen stillen Zug mit unmittelbarer Matdrohung anderseits in dem Sinne die Rede, daß durch solche Lösungseröffnungen eine Verlängerung der Zügezahl des Problemes ohne innere Begründung herbeigeführt wird. Diese letzterwähnten Züge sind hier nun neuerdings dadurch als ungeeignete Eröffnungszüge charakterisiert, daß sie ihre große Kraft an der unrichtigen Stelle entwickeln und es geht hieraus teils als Bestätigung eines schon besprochenen Gebotes, teils als weitere Folgerung hervor, daß diese Züge konsequent in den letzten Teil der Lösung zu verlegen sind, so daß die ein augenblickliches Mat drohenden stillen Züge regelmäßig nach den Zügen mit schwacher Drohung und unmittelbar vor den Schlußzügen mit Schachgebot anzuwenden sind. Auch die Einstreuung von schachbietenden Zügen unter stille Züge und umgekehrt wird neuerdings als eine die innere Harmonie störende Konstruktionsweise charakterisiert; und es dürfte die frühere Fassung der in den Diagrammen 60, 80 und 100 der Abteilung II dieses Buches verarbeiteten Ideen, wie sie in der Abteilung III dieses Buches besprochen ist, umsoeher ein instruktives Material hinsichtlich der nach beiden erwähnten Richtungen möglichen Konstruktionsfehler liefern, als in den neuen Ausarbeitungen diese Mängel gänzlich vermieden sind.

Ein siebentes Kunstgesetz fordert demnach, daß bei Entwurf des Lösungsverlaufes des Hauptspieles eine richtige, möglichst nach dem Prinzipe zunehmender Kraft geordnete Aufeinanderfolge der in ihrer Wirkung verschiedenen Angriffszüge und dadurch eine wohl gegliederte Darstellung der Problemidee gesichert wird. Insbesondere erklärt dieses Gesetz einen Zug, mit welchem ein Offizier oder ein wichtiger Bauer der unterliegenden Partei geschlagen wird, als ungeeigneten Lösungsbeginn und verlangt, daß der Komponist auf das durch den Sieger erfolgende Schlagen eines Offiziers oder eines wichtigen Bauern im Lösungsverlaufe der Hauptvariante nur dann reflektiere, wenn die Problemidee eine solche Eroberung verlangt und diese letztere kunstvoll in das Werk gesetzt wird.

Bestätigt ist dieses Kunstgesetz noch besonders durch die Thatsache, daß die guten Erzeugnisse der neuesten Zeit fast durchaus eine solche stilgerechte Konstruktion bekunden und anderseits die Komponisten immer erst im äußersten Falle zu dem Mittel greifen, die Korrektheit einer Aufgabe durch Aufstellung eines für die Lösung überflüssigen deckenden Bauern (aber niemals eines Offiziers!) zu sichern, der dann im ersten Zuge von Weiß (dem Angreifer) genommen wird. Und wenn nun auch das eben erwähnte Auskunftsmittel, welches übrigens fast ausschließlich in Problemen von größerer Zügezahl und breiter Anlage benützt erscheint, zunächst aus Gründen der Schönheit, bez. Eleganz gern vermieden wird, so wirkt doch hierbei ebenso sehr das richtige Gefühl des Komponisten mit, welchen die Zweckmäßigkeit, den ersten Lösungszug möglichst wenig zu markieren, nicht nur allein von der häufigen Anwendung einer solchen Notdeckung, sondern auch davon abhält, mit dem ersten Zuge ein wichtiges direktes Opfer zu bringen, dessen Annahme die Ideevariante provoziert. Es handelt sich eben um die bewußte oder unbewußte Erkenntnis, daß die Pointe des Problemes möglichst weit gegen das Ende der Lösung zu verlegt werden muß. Daß übrigens die Wegnahme eines unwichtigen Bauern, eines Bauern, um welchen der Kampf nicht wogte, im Verlaufe der Lösung (nicht zu Anfang) ein erlaubter und ein aus Gründen der Korrektheit des Ideenspieles sowohl, als anderer den Inhalt vermehrender Varianten sogar ziemlich oft angewandter Konstruktionsbehelf ist, geht aus der Praxis der Komponisten deutlich hervor (er wird in den Problemen der Sammlung 32 mal benützt) und ist durch das in diesem Kapitel erörterte Kunstgesetz auch keineswegs verneint. Dieses Kunstgebot verlangt auch nicht strikte, daß etwa in einem fünfzügigen Probleme der zweite Zug eine dreizügige, der dritte Zug eine zweizügige Drohung etc. enthalte und es schließt anderseits auch die Verbesserung des Inhaltes durch eingestreute Zugzwangsnutzung nicht aus, weil es wohl im allgemeinen die Ordnung der Züge nach zunehmend stärkerer, bez. rascherer Wirkung, im speziellen aber lediglich die Aneinanderreihung der zwei nahe verwandten Zugesarten, nämlich der einzügigen Drohung und des direkten Angriffes begehrt. Daß übrigens dieses Kunstgesetz in jeder Hinsicht durchführbar ist, geht offenbar aus der Sammlung in der Abteilung II dieses Buches hervor, weil dieselbe kein Problem enthält, welches mit einem gegen dasselbe verstoßenden Konstruktionsfehler behaftet ist und nur ein einziges Erzeugnis (Diagramm 48) in sich faßt, in welchem mit dem ersten Zuge zum Zwecke der Darstellung eines zweifachen Königsabzuges ein Bauer der unterliegenden Partei geschlagen wird, der übrigens ein a priori von der Verteidigung aufgegebenes, also unwichtiges Objekt ist.

h. Völlige Akkommodation der Problemidee.

Die Problemkomposition ist auf die kunstgerechte Darstellung jener Ideen beschränkt, welche partiegemäß sind und als Inhalt einer Kombination gedacht werden können, die dem gewinnenden Spieler das Ansagen eines mehrzügigen Mats ermöglicht hat. Die verhältnismäßig geringe Anzahl der engeren, fast ausschließlich auf Zügen mit Schachgebot basierten Matideen, wie sie in der Partie gewöhnlich vorkommen, ist aber für die Komposition ebenso wenig ein Hemmnis, als die Notwendigkeit der Beobachtung der Kunstgesetze überhaupt, denn erstens können und müssen die Matführungen mit Einleitungen, welche aus stillen Zügen bestehen, in Verbindung gebracht werden, wodurch die Variierbarkeit der Ideen außerordentlich erhöht wird, und zweitens bieten die Kunstgesetze dem Komponisten indirekte verschiedene Anhaltspunkte zur Gewinnung neuer Motive, indem gerade die Überwindung mannigfacher Schwierigkeiten neben der Übung im Formen auch die Erweiterung des Ideenkreises bedingt. Demgemäß kann auch in der grundsätzlichen Vernachlässigung einzelner Kunstgesetze an sich niemals ein origineller Stil, ein Abweichen von der Schablone oder dergleichen und zwar weder im beschönigenden, noch etwa gar im belobenden Sinne gefunden werden und selbst wenn ein fähiger Komponist eine wirklich originelle Idee im schlechten Gewande vorführt, wird sich in das Lob, welches der Erfindungsgabe allerdings gebührt, gerechter

Tadel mischen können. Denn so oft es sich um eine Idee handelte, die nicht bloß gerade wegen der schlechten Darstellungsform dem befangenen Auge originell erschien, hat sich bisher noch immer die Möglichkeit der Darstellung derselben in völlig kunstgerechter Form gezeigt, so daß nach jeder in ungenügender Ausarbeitung erfolgter Publikation eines guten Problemmotivs allsogleich die Arbeit der Verbesserer beginnt, welchen der Autor nicht derart gegenüber steht, wie der Schöpfer eines an Inhalt originellen und zugleich in der Form tadellosen Erzeugnisses, der den Nachahmern von olympischer Höhe aus ruhig und selbstbewußt zusehen kann.

Ein achtes Kunstgebot fordert daher, daß der Komponist jede Problemidee, welche nicht zufolge des Einflusses der Routine bereits in der Phantasie stilgerecht entstand, bei Ausarbeitung des Problemes durch entsprechende Modifikation oder Erweiterung den bisher erörterten, die innere Konstruktion betreffenden Kunstgesetzen akkommodiere, so daß das Grundprinzip derselben, nämlich Verfeinerung, bez. Erweiterung des Probleminhaltes mit Hilfe der stillen Einleitungszüge und Beschränkung, bez. Abgrenzung durch die notwendige Figurenökonomie und Matreinheit, im Hauptspiele stets zur Geltung gelangt.

Dieses Gesetz ist eigentlich bereits durch die Notwendigkeit der inneren Begründung der Zügezahl der Einleitung, bez. des ganzen Problemes indirekt gegeben, indem der Komponist schon hierdurch gehalten ist, die Eröffnungszüge auf das nötige oder gehörige Maß zu beschränken und der Lösungskombination einen guten Abschluß zu sichern. Jedoch handelt es sich noch um die Erkenntnis, welche technische Behelfe zur völligen Akkommodation einer Idee anzuwenden sind, ob eine Idee nur als Einleitungs- oder nur als Schlußkombination oder ob sie nur als Beigabe zu einer kunstgerecht konstruierten, eleganten Hauptvariante zu verwenden sei etc., welche Erkenntnis ebenso wie die ohne besondere Hilfsmittel erfolgende Variantenbildung aus dem tieferen Erfassen der gedachten oder wirklich aufgestellten Grundposition resultiert und häufig zur Erfindung einer (ergänzenden) Akkommodationsidee führt. So ist z. B. das Grundmotiv des Problemes 31 in der Verstellung und Wiederermöglichung des Bauernabzuges gelegen, durch welche Idee die Matreinheit von vornherein nicht nur allein nicht gesichert, sondern wegen der drohenden Flucht des Königs sogar bedeutend erschwert ist; indem es dem Komponisten gelang, eine derartige Aufstellung zu arrangieren, daß der schwarze Läufer f2 sowohl das Mat d2—d4 verhindert, als auch zugleich (in der Hauptvariante) den wichtigen weißen Bauern h4 schlagen kann, wurde das Hauptspiel erst den Kunstgesetzen völlig akkommodiert. So sind die Grundideen in den Diagrammen 23 und 24 durch die Königszüge 2. e5—e6 und 2. e4—e3 dem Gesetze hinsichtlich Matreinheit und Figurenökonomie angepaßt, so ist der gleiche Zweck im Diagramm 32 durch 2. ...., Ld6—e5 (3. Lb1—a2‡), im Diagramm 34 durch 2. ...., Kf4—e3 (3. Lb2—c1‡), im Diagramm 36 durch 2. ...., Ke3×f2 (Tc5—f5‡) erreicht; so ist im Diagramm 62 die Räumungsidee mit einer Matidee in Verbindung gebracht, damit der weiße Lb6 nicht unverwendet stehen bleibt; so ist im Diagramm 51 die Idee der Verwendung zweier schwarzer Damen zur Deckung und gleichzeitigen Verstellung nur als Inhaltsvermehrung neben einer kunstgerechten Opfervariante benützt, weil dieses Motiv die Darstellung in matreiner Form nicht verträgt; so sind endlich die Zugzwangprobleme 19, 45 und 78 durch Einschaltung kunstgerechter Opfervarianten vor dem Vorwurf des ungenügenden Inhaltes geschützt. Nachdem diese Verbesserungen und Inhaltsvermehrungen ohne Zuhilfenahme neuer Angriffsmittel lediglich aus der Position heraus erzielt sind und keineswegs etwa das vorliegende Buch allein Beispiele solcher Konstruktionsmethode enthält, so kann die in diesem Kapitel erörterte Forderung mit voller Begründung aus den praktischen Leistungen der Komponisten deduziert werden und es ist auch zweckmäßig, sie besonders zu betonen, weil es Problempraktiker giebt, die der allerdings oft schwierigen Wahrung der Matreinheit, Figurenökonomie und richtigen Gliederung mit Vorliebe aus dem Wege gehen, indem ihnen dadurch das Variantenbilden leichter wird und sie irrtümlich schon darin eine gute Leistung erblicken, wenn mehrere Opfervarianten durch das eigentlich rein mechanische Mittel der Vermehrung der Angriffsfiguren zusammengeheftet sind.

Es geht aus den bisherigen Ausführungen hervor, daß der Komponist die Akkommodation der Problemidee frühzeitig in das Auge fassen muß und demnach immer erst den kunstgemäßen Lösungsschluß entwerfen wird, bevor er die definitive Gestaltung der Anfangsposition, bez. des Lösungsbeginnes in Angriff nimmt. Dieser Umstand darf indessen nicht in dem Sinne gedeutet werden, als führten die Kunstgesetze eine zwingende Methode retrograder Konstruktion herbei, denn erstens stellt der Komponist zunächst die matreine und ökonomische Schlußposition gewöhnlich nur im Prinzipe, d. h. mit dem Vorbehalte der Änderung der äußeren Form fest und zweitens steht der erste Lösungszug, an welchen die Kunstgesetze in anderer Hinsicht (feine Drohung, Zugzwang, Verführung) hohe Anforderungen stellen, an Wichtigkeit gewiß der Schlußstellung nicht nach. Ein fähiger Komponist wird überhaupt stets den ganzen Aufbau der Lösung im Auge haben und beständig, wie für den Schluß, so für den Anfang und für die Mitte, Feinheitsmomente zu erspähen trachten, so daß mit Rücksicht auf das häufige Vorkommen von Ideenverbindungen eher von einem gleichzeitigen Hinarbeiten gegen die Mitte zu (also sowohl vom Schluß, als vom Anfang aus) denn von einer retrograden Konstruktionsmethode die Rede sein kann. Knüpft ein Komponist an eine brauchbare Schlußposition mechanisch einige Lösungszüge an, ohne daß sich diese angehängten Züge zum Ausdruck einer den Kunstgesetzen entsprechenden Einleitungsidee zu erheben vermögen, so hat man es eben mit einer schlechten Arbeit zu thun und die Kunstgesetze tragen an dem faux pas des Komponisten keine Schuld.

Die S. 7—8 aufgezählten Ausnahmsfälle hinsichtlich der Mattreinheit kommen in diesem Kapitel neuerdings in Betracht.

i. Gute Anfangsposition und gute Konstruktion des ersten Lösungszuges.

Ein neuntes Kunstgesetz fordert, daß die Anfangsposition eines Schachproblemes, wie sie sich vor dem Lösungsbeginne präsentiert, insofern eine gute sei, als durch dieselbe einerseits der erste Lösungszug möglichst wenig auffallend gemacht ist, sowie überhaupt möglichst wenige Anhaltspunkte zur raschen Durchblickung der Grundidee, bez. des Lösungsweges dargeboten werden und anderseits in richtigem Maße sowohl die als vorangegangen supponierte Partie als der selbständige in sich abgeschlossene Lösungsverlauf berücksichtigt erscheint. Insbesondere wird eine aktionsfreie, möglichst unmittelbar auf das Königsgebiet wirkende Postierung der Angriffsfiguren verlangt, anderseits die Zuhilfenahme besonderer Mittel, welche sich aus der Annahme bereits erfolgter oder noch ausführbarer außergewöhnlicher Partiezüge ergeben können, untersagt und als Richtschnur hingestellt, daß die Position in dem Verhältnisse genügende Zeichen des partiegemäßen Entstehens aufweisen muß, als dies die mehr oder minder große Anzahl der benützten Steine naturgemäß bedingt.

Dieses Kunstgebot geht, ähnlich wie das Gesetz hinsichtlich der Ideenakkommodation, aus den anderen Kunstgesetzen bereits von selbst hervor, weil die Wahrung der Figurenökonomie, die zweckmäßigste Aufstellung der Angriffsoffiziere im Interesse der guten Variantenbildung, die gute innere Gliederung des Lösungsverlaufes, niemals ohne veredelnden Einfluß auf den Charakter der Anfangsposition sind, wie denn auch ein kundiger, feinsinniger Problemfreund häufig schon aus der äußeren Gestalt der ihm vorliegenden Komposition die Nichtbeachtung gewisser Kunstregeln erkennt und sich dadurch oft vor dem Eingehen in eine undankbare Lösungsarbeit schützt. Nichtsdestoweniger ist der Komponist auch hier wieder vor eine bestimmte neue Forderung gestellt, welche dahin geht, daß auf den äußeren Eindruck der Position und auf den problemgemäßen Charakter des ersten Lösungszuges während der ganzen Konstruktionsarbeit Rücksicht genommen werden muß und daß die Verbesserung und Vermehrung des Probleminhaltes (die kunstvolle Variantenbildung insbesondere) dort ihre Grenzen finden muß, wo sie auf Kosten der Anfangsposition geschieht, d. h. wo auf diese Weise die beabsichtigte Vertiefung der Anlage oder die Mehrung des Inhaltes entweder wegen des Hervortretens der dazu benützten Mittel vereitelt, bez. wegen der Wahl ungeeigneter Behelfe in ihrer Wirkung entschieden geschädigt wird. Demnach stellen sich als Konstruktionsmängel im allgemeinen dar: die Bildung einer schwachen Drohung durch das Mittel der auffallend entfernten und eingeschlossenen Postierung wichtiger Angriffsfiguren, wenn überdies der erste Zug aus dem Heranziehen einer solchen Figur auf leicht erkennbarem Wege besteht oder durch das Mittel des en prise-Aufstellens wichtiger Figuren, wenn deren Verlust die Unmöglichkeit einer Lösung klar bedingt; die Zugzwangsnutzung an Stelle einer feinen Drohung in dem Falle, wo dieselbe durch vielfältige Blockierung von Steinen der angegriffenen Partei für den Kenner schon äußerlich deutlich wahrnehmbar wird; die grobe Vervollständigung der Aufstellung der Angriffsfiguren durch den ersten Zug, indem z. B. mehrere Fluchtfelder des Königs weggenommen, wichtige Verteidigungsfiguren gefesselt werden und dadurch die mit dem ersten Lösungszuge verbundene Zugzwangsnutzung oder schwache Drohung an Eindruck verliert; die künstliche Variantenbildung und -Veredelung in dem Falle, wo dieselbe eine auffallende Häufung von Steinen an einzelnen Stellen des Brettes, eine Umkehrung der Heerlager oder insbesondere eine unwahrscheinliche Bauernstellung bedingt und dadurch dem richtigen Gefühle des Lösers vorerst die Prüfung der Position auf ihre Partiemöglichkeit in vorurteilerweckender Weise aufgedrängt wird. Im besonderen sind als Konstruktionsfehler, welche den Wert des Problemes auf Null reduzieren müssen, zu betrachten: die Herstellung einer Position, welche nur aus extravaganten Zügen im Verlaufe der (stets supponierten) Partie erklärt werden kann, wie dies z. B. bei pêle-mêle-Aufstellung der in voller Anzahl vorhandenen Steine beider Parteien der Fall wäre; das Vorhandensein von Figuren, welche nur durch Bauernumwandelung im Verlaufe des Spieles entstanden sein können; die Basierung der Lösung auf das en-passant-

Schlagen als ersten Zug oder auf die Rochade in einem beliebigen Momente, wenn auch der erste dieser Fälle durch die Position gerechtfertigt ist, denn es muß im Interesse eines möglichst selbständigen Lösungsverlaufes des Problemes das aktive Hinübergreifen einzelner Partiemomente oder gewisser Unregelmäßigkeiten der Partie in die vorgelegte Position grundsätzlich vermieden werden, damit der Komponist die beabsichtigte Wirkung nur auf Grund der gegenwärtigen Stellung und nicht auf Grund supponierter, dem Löser fern liegender Partiephasen, also mit vorausgesetzter Beschränkung der Mittel und ohne Spekulation auf das Nichtvermuten, erzielt. Aus dem gleichen Motive ist ja eben auch die Wegnahme eines Offiziers oder eines wichtigen Bauern als Lösungsbeginn von der Kunstkritik untersagt.

Die volle Erkenntnis der Aufgaben des Komponisten bei der Positionsbildung wird übrigens erst durch die S. 4 und 33 entwickelte richtige Auffassung des Wesens des Schachproblemes gewonnen, weil durch dieselbe der eigentliche Zweck der selbständigen Matkomposition in dem Sinne festgestellt erscheint, daß das Problem nicht die Entscheidung der Partie, sondern den möglichen Aufwand von aus der Partie geschöpften Feinheiten bei Erzielung der kürzesten Matführung darstellen soll. Dies bedingt nun auch, daß manche Merkmale der Position, welche der Spielpraktiker als Schwächen zu betrachten geneigt ist, vom Standpunkte der Problemkomposition aus keineswegs Mängel sind. So ist das grundsätzliche Verlangen nach beiläufiger Ausgleichung des Kräfteverhältnisses beider Parteien durch die Kunstgesetze nicht nur nicht bestätigt, sondern es würde der Komponist sogar einen Fehler begehen, wenn er die Verteidigungsmittel ohne inneren Grund (Variantenbildung oder -Veredelung) vermehren würde, weil die Beengung der Aktion der Angriffsfiguren durch Verstärkung der Defensivstellung den Lösungsweg verhältnismäßig markiert. Die Thatsache, daß Anfänger gewöhnlich die Sicherung vor Nebenlösungen durch einen großen Verteidigungsapparat anstreben, während Meister gewagte Stellungen beherrschen, spricht hierfür deutlich genug. So ist ferner die ungedeckte Aufstellung eines Offiziers der angegriffenen Partei an sich noch kein Mangel, weil der ausgedehnte Vergleich mit einem noch unentschiedenen Partieverlauf zweifellos unpassend ist; es würde nur unter Umständen das gleichzeitige en prise-Stehen mehrerer wichtiger Verteidigungsfiguren in einem Probleme in dem Sinne zu beanstanden sein, daß hierdurch im allgemeinen eine ganz unwahrscheinliche Partieführung vorausgesetzt erscheint. So ist endlich die regelmäßige Verlegung des Matgebietes in die Mitte des Brettes, wenn dieselbe ohne nachweisbaren Aufwand toten (bloß zur Linienabsperrung benützten) Materiales möglich ist, durch den selbständigen ideellen Zweck des Schachproblemes erklärt, welcher das Entstehen einer besonderen, charakteristischen Physiognomie der Anfangsposition im Interesse der Ausdehnung des strategischen Terrains, der vollen Kräfteentfaltung, der Veredelung des Inhaltes überhaupt a priori als gerechtfertigt sanktioniert, sobald nämlich nur der notwendige Zusammenhang mit der Partie durch die unschwer nachweisbare Möglichkeit des Entstehens der Position gewahrt bleibt. Die verhältnismäßige Isolierung der beiden Könige von ihren wichtigsten Verteidigungskräften, die über das ganze Brett zerteilte Aufstellung der Steine, welche den Begriff partiegemäßer, geschlossener Heerlager selten deckt, die Mitbenutzung des Königs der angreifenden Partei auf dem ursprünglichen Terrain des Gegners trotz der Anwesenheit vieler Figuren etc. erscheinen infolge dessen auch nur dann als Mängel, wenn hiermit das durch die problemgemäße Positionsbildung erforderliche Maß von Selbständigkeit gegenüber der Partie bereits überschritten ist, wobei überdies noch berücksichtigt werden muß, daß kein zwingender Umstand die Voraussetzung einer im theoretischen Sinne gebräuchlichen und guten Partieeröffnung, bez. Weiterführung, bedingt.

Die in diesem Abschnitte entwickelten Grundsätze finden ihre volle Bestätigung durch die Thätigkeit aller jener Praktiker, welche auf Inhalt und Form gleich hohen Wert zu legen pflegen und nicht einseitig ihr ganzes Sinnen auf originelle Ideen richten, die dann gewöhnlich erst der nachträglichen guten Darstellung durch andere bedürftig sind. Man wird insbesondere in den Werken solcher nach beiden Richtungen hin der Vollendung zustrebender Komponisten bei eingehendem Studium die Wahrnehmung machen, daß der gute äußere Eindruck des Problemes stets das Resultat mühevoller Überwindung vieler, zunächst durch die notwendige Korrektheit, sodann insbesondere durch die Akkommodation der Problemidee und die Variantenveredelung verursachter Schwierigkeiten ist; wenn dann zuweilen eine Position hinsichtlich des allgemeinen Aufwandes an Material oder des etwas gekennzeichneten ersten Zuges die strengsten Anforderungen noch nicht erfüllt, so muß dafür wieder der besondere Inhalt genügende Entschädigung bieten. Hindernisse in der Durchführung sind dem Kraftbewußten nur ein Ansporn, nicht ein Warnungszeichen, und da sich doch nicht alles bis auf eine einfache und zugleich inhaltsreiche Anfangsposition zurückführen, bez. verdichten läßt, so wird in berechtigten Fällen, z. B. bei Vereinigung mehrerer in ihrem Verlaufe genügend feiner Ideenspiele, schon aus dem Grunde die notwendige Lizenz gewährt, als die besondere Schwierigkeit solcher Darstellungen aus der strengen Beobachtung der gesamten Kunstgesetze resultiert.

Von der Mitverwendung des Königs der angreifenden Partei

bei dem Entwurf des Hauptspieles und bei der Variantenbildung war schon früher die Rede und in dem Abschnitte: „Das freie Walten des Kunstsinnes des Komponisten“ wird diese Frage neuerdings gestreift; hier kann nur der allgemeine Grundsatz ausgesprochen werden, daß es im Sinne des neunten Kunstgesetzes liegt, wenn bei dem Vorhandensein vieler Steine und darunter schwerer Figuren die Postierung des Königs auf der ersten oder zweiten Brettreihe angestrebt wird, sobald nicht die Verwendung desselben an einem exponierten Punkte aus besonderen Gründen wichtig ist.

C. Das freie Walten des Kunstsinnes des Komponisten.

Aus der Reihenfolge in der Vorführung der Kunstgesetze und aus den Erklärungen und Begründungen geht hervor, daß der Komponist bei thunlichster Berücksichtigung jedes einzelnen derselben die größte Wichtigkeit zunächst auf die matreine und ökonomische Durchführung der Idee, auf die Beschränkung der Zahl der schachbietenden Züge, sowie auf die Herstellung einer feinen Einleitung und versteckten Herbeiführung des Ideenspieles zu legen hat, daß hierauf erst die Anfangsposition in Betracht kommt, und von dieser wieder die Bestrebungen hinsichtlich der Variantenbildung mehr oder minder abhängig, bez. begrenzt sind. Denn in jenen Kunstgesetzen, welche an die Spitze gestellt wurden, ist das vorausgesetzt, was von einem Kunstwerke stets erwartet wird, nämlich die Korrektur des Alltagslebens im Sinne der Idealisierung und, nachdem im Schachproblem der innere Kern, der Lösungsverlauf und Lösungsschluß, das Kunstmotiv oder Sujet bildet, welches überdies nicht von jedermann sofort, bez. gleich rasch abgelesen oder erraten, geschweige denn allsogleich richtig beurteilt werden kann, so bleibt bei der Bildung der Anfangsposition für den Komponisten jene besondere, aber auch nicht unwichtige Aufgabe übrig, welche darin liegt, daß durch das äußere Bild der Zusammenhang des Kunstwerkes mit dem Alltagsleben, für welches man sich hier die Schachpartie zu denken hat, a priori erkennbar gemacht wird, damit für den Beurteiler die naheliegende, instinktive Prüfung auf die Natürlichkeit, für den Komponisten jene Beschränkung gewahrt bleibe, welche durch die richtige Erkenntnis des Zusammengehörigen und des Gegensätzlichen in den Begriffen Natur und Kunst immer und überall von selbst gegeben ist.

Daß hier die Kunstgesetze nicht einfach aufgezählt, bez. aus den hervorragenden Problemmustern deduziert, sondern eingehend sachlich begründet sind, erscheint durch die besondere Natur des

Schach geboten, welche die Feinheiten und Schönheiten des Spieles nicht so offen jedermann darlegt, sondern ein tiefes, verständnisvolles Eingehen in das Wesen desselben verlangt und so immerhin auch mehr Gelegenheit zu Geschmacksverwirrung und irriger Auffassung hinsichtlich des Kunstgerechten im Schach bestehen läßt. Aber nichtsdestoweniger muß sich hier wie überall der Begriff des Kunstvollen mit dem Begriff des Schönen identifizieren, d. h. es muß alles das, was das kunstsinnige Auge des fähigen Schachspielers als schön erkennt, von dem Komponisten (als Künstler) benützt sein und alles das, was von dem gottbegnadeten Komponisten als Kunstgebilde hergestellt und betrachtet wird, von dem urteilenden Kenner als schön anerkannt werden. Wenn auch durch systematische Geschmacksverfälschung zeitweise irgendwann oder irgendwo ein Schwanken in der Kompositionsmethode und in der Beurteilungsart zu tage tritt, so wird hier, wie in allen Zweigen menschlicher Kunstthätigkeit, auch stets wieder die Rückkehr zum Wahren und Echten zu beobachten sein.

In allererster Linie beruhen die Kunstgesetze stets auf instinktiver Erkenntnis des Schönen und lange bevor an eine spekulative, logisch zusammenhängende Begründung der Kompositionsregeln zu denken war, wurde die Notwendigkeit der Veredelung des Probleminhaltes, bez. der Wahrung der internen Schönheit gefühlt. In diesem Entwickelungsstadium der Problemkunst trat jedoch häufig eine Verwechselung des Schönheitseffektes mit der Problemidee ein, indem eine hübsche Schlußwendung, bez. eine Opferkombination an sich, ohne originelle tiefangelegte Vorführung derselben, schon als genügendes Problemmotiv betrachtet wurde; wie es einerseits begreiflich ist, daß zu jener Zeit, wo der reiche Schatz an Schönheiten, welchen das Schach birgt, für die Darstellung aufgedeckt wurde, eine solche Verwechselung platzgreifen konnte, so findet sich hier auch ein Erklärungsgrund für jene, gleichsam als Reaktion gegen das geistlose Immerwiedervorführen bekannter Opferkombinationen geltende Richtung, welche in Verkennung des Wesens der Kunst, bez. mit Herabdrückung des Problemwesens unter das Niveau einer Problemkunst alleiniges Gewicht auf eine wirklich oder scheinbar (S. 35) originelle Idee, bez. auf die Schwierigkeit der Lösung legt.

Die wahre Problemkunst, welche, wenn sie auch vielfach verkannt wird, doch in allen Ländern hervorragende Anhänger hat, kennt den Fehler in der einen oder anderen Richtung nicht. Sie setzt voraus, daß der Künstler seinem Werke auch einen Geist einhauche, d. h. daß jedes Problem, welches auf den Titel eines Kunstwerkes Anspruch erhebt, im ganzen oder doch in wichtigen Teilen einen originellen Grundgedanken, bez. eine neue Auffassung bekunde und daher der Löser in dem Stücke immer doch in etwas einen neuen anregenden Eindruck empfange. Sie setzt sodann ferner voraus, daß jeder Grundgedanke in kunstvoller Form ausgearbeitet sei und erkennt selbst der eindrucksvollsten Idee gegenüber die Leistung noch nicht als vollendetes Erzeugnis an, wenn irgend ein Verstoß gegen eines der als stets erfüllbar erprobten Kunstgesetze nachzuweisen ist. Es wird demnach auf den Ideengehalt und auf die Form gleichviel Gewicht gelegt. Da die Entwickelung des Problemwesens in jenen Ländern, welche von der geschilderten einseitigen Reaktion am meisten verschont geblieben sind, zeigt, daß der Sinn für edle Darstellung auch eine fördernde Rückwirkung auf den Ideenentwurf hat, während anderseits zugleich die Erkenntnis der Wichtigkeit eines selbständigen Gedankengehaltes auf alle Teile des Problemes verbessernd wirkt (man sehe die Begründungen hinsichtlich guter Gliederung und Akkommodation der Problemidee!), so kann heute nicht mehr von unbestimmter Forderung nach Schönheit in der Darstellung die Rede sein, sondern das Kunstvolle und Schöne in der Ausarbeitung der Ideen und der Einfluß desselben auf die Ideenbildung mußten zum Gesetzmäßigen werden, welches seine unbestreitbare Geltung auf alle Teile des Problemes erstreckt.

Der Ideengehalt des Erzeugnisses bildet demnach den Prüfstein für die Fähigkeit des Komponisten im allgemeinen, während die Beobachtung der Kunstgesetze auf die Routine in der technischen Ausarbeitung schließen läßt und wie die entsprechende Vereinigung der Leistungsfähigkeit in beiden Richtungen erst das Meisterwerk hervorbringen kann, so wird der fähige Naturalist außerhalb seines engeren Kreises, nämlich in der ganzen großen Schachwelt, nur die achtungsvolle Anerkennung seines Talentes finden, während der echte Künstler, der sich mit seiner Erfindungsgabe nicht genügen läßt, sondern zugleich als Priester der Kunst bescheiden deren Gesetze studiert und befolgt, überall, wo Schach gepflegt und in seiner Tiefe völlig erfaßt wird, durch den inneren Zwang seiner vollendeten Leistung den Lorbeerkranz zu erringen vermag.

Ist demnach die äußere und innere Form im Schachproblem wegen des darzustellenden Kontrastes zwischen Kunst und Leben ein äußerst wichtiges Moment (das selbstverständlich den Ideengehalt an Wesenheit nicht überragt oder gar übertrifft, demselben aber immerhin gleich gestellt ist), so ergiebt es sich von selbst, daß die Kunstgesetze weiter auf den Inhalt des Problemes einwirken, als dies in den vorangegangenen neun Kapiteln zur Anschauung gelangen konnte und daß demnach eine Art Ergänzung der Kunstregeln ausgesprochen werden muß, dahin lautend: im übrigen hat der Komponist im Geiste dieser Kunstgesetze den

Probleminhalt zu formen. Durch diesen die engere geistige Werkstätte des Komponisten, nämlich die Ideenbildung und die Ideenvervollkommnung, streifenden Anhang sind sodann alle jene Fragen, welche sonst noch in den Bereich der Konstruktionslehre fallen, vom theoretischen Standpunkte aus insofern erledigt, als ein allgemeiner Schlüssel zur Beantwortung jeder einzelnen derselben gefunden ist, welcher sich zweifelsohne stets bewähren wird, sobald die Voraussetzung zutrifft, daß der Komponist die Kunstgesetze richtig aufgefaßt hat und die verhältnismäßige Freiheit, welche ihm hinsichtlich des Ideenentwurfes und der Herstellung des inneren Lösungsverlaufes (von der Befolgung der streng umschriebenen Kunstgesetze abgesehen) bleibt, nicht als die Domäne seines willkürlichen, sondern als das Gebiet seines allerdings originellen, aber zugleich kunstsinnigen Waltens erkennt und benutzt.

So weit noch die Kompositionstechnik in Betracht kommt, läßt sich der oben ausgesprochene Ergänzungssatz durch einzelne Beispiele dem allgemeinen Verständnisse näher rücken, und es können nun einige Fragen zur Erörterung gelangen, welche durch die Kunstgesetze noch nicht vollständig erledigt sind, weil sie kein Substrat zu bestimmten, jederzeit erfüllbaren Forderungen sind. Am besten knüpft man den Beginn dieser Erörterungen wieder, wie die Kunstgesetze selbst, an das naheliegende Streben nach reiner und mit wenigen Mitteln erzielter Matposition an.

a. Externe und interne Matsetzung. Reines Matbild.

Über den strikten Wortlaut der Kunstregel hinaus kann hier eine volle Wirkung der Schönheit angestrebt werden: erstens durch die externe Matsetzung bei möglichster Vollwirkung der matsetzenden Figuren, weil der Effekt des siegreichen Angriffes besser zur Geltung kommt, wenn die matsetzende Figur keiner Unterstützung bedarf und mehr oder minder aus der Ferne herbeigeholt wird; zweitens durch eine gerade nur ausreichende Unterstützung jenes Steines, welcher innerhalb des Königsgebietes matsetzt (also intern, im Gegensatze zur Entscheidung durch eine außerhalb des Königsgebietes, also extern postierte Figur), weil eine solche schwache, eben genügende Deckung den Effekt der Figurenökonomie am besten zur Geltung bringt; drittens durch die Herstellung eines insofern schönen und reinen Matbildes, als innerhalb des Königsgebietes, wo möglich kein überflüssig gewordener Bauer der siegenden Partei stehen bleibt, weil dadurch jener Teil des Brettes, wo der Sieg zur Darstellung gelangt, den harmonischen, zwanglosen Abschluß des Kunstwerkes am besten vor Augen führt.

Es wird also in jenen Problemen, wo die Pointe nicht hauptsächlich in dem S. 7 erörterten strategischen Manöver von Figuren gegen Figuren, bez. feindliche Steine liegt, sondern auf den schönen Abschluß großer Wert gelegt werden muß, nicht nur das reine Mat gesichert, sondern auch grundsätzlich die externe Matsetzung vorgezogen, so daß das Frontalmat der Dame mit gleichzeitiger Diagonalwirkung (wie im Diagramm 74), das Frontalmat des Turmes (wie im Diagramm 93), und das Diagonalmat des Läufers (wie im Diagramm 56), am meisten zur Anwendung gelangt und das Springermat stets mit Bestreichung eines bisher ungedeckten, bez. unbesetzten Feldes neben dem feindlichen König (wie im Diagramm 4) erfolgt. Hierbei ist wegen des wichtigeren Effektes der Fernwirkung auf die möglichste Ausnutzung der Kraft der Dame und des Turmes einigermaßen Verzicht geleistet, indem im externen Frontalmat stets je ein Feld weniger bestrichen werden kann, als dies bei interner Matsetzung durch Dame und Turm möglich ist. Es versteht sich von selbst, daß eine geringere Wirkung der Dame in der Matposition als die Bestreichung von vier Feldern um den matgesetzten König herum nicht ohne besonderen Grund zugelassen wird, weil sonst die Frage offen bliebe, warum nicht ein Turm oder ein Läufer statt der Dame als extern matsetzende Figur benützt erscheint; daher kommen auch in der ausgewählten Sammlung (Abteilung II dieses Buches), von den Doppelschachs, bez. Mat durch Abzug abgesehen, nur 12 Probleme vor, in welchen in der Schlußstellung die Dame durch einen Läufer ersetzt werden könnte, außerdem nur ein Problem, in welchem ein Turm die gleiche Kraft in der Matposition entwickeln würde, als sie die Dame entfaltet. In diesen 13 Stücken ist die abwechselnde Frontal- und Diagonalwirkung so sehr Bestandteil der Idee und des gewöhnlich Doppelwendungen gleicher Art enthaltenden Lösungsverlaufes, daß dadurch die Benutzung der schwereren Figur genügend erklärt ist. Die Matsetzung durch den immer extern wirkenden, außerhalb des Königsgebietes stehenden Springer ist an sich von geringster Wirkung, weil durch diese Figur die wenigsten Felder genommen werden können, dieselbe daher der größten Beihilfe durch andere Steine bedarf. Wenn nichtsdestoweniger diese Figur ziemlich häufig zur Matsetzung benützt wird, so liegt der Grund entweder in einem Rollenwechsel der Figuren, indem die stärkere Figur, Dame oder Turm, in der Matposition allerdings eine größere Felderanzahl bestreicht, aber dem Springer die aktive Wirksamkeit, das entscheidende Schachgebot, überläßt (man vergleiche die Positionen: Weiß Kc2, Dd3, Sg6; Schwarz Ke4 und Weiß Kg5, Dc3, Sf6; Schwarz Ke4) oder in der Gelegenheit zu feinen Vorbereitungszügen während des Lösungsverlaufes, sowie zu mehrfachen Matwendungen, welche die eigentümliche Gangweise des

Springers eröffnet. Es muß die nähere Erklärung dessen in den 27 Problemen dieser Art, welche die Sammlung enthält (Diagramme 3, 4, 9, 19, 20, 23, 27, 29, 37, 39, 43, 47, 48, 50, 68, 72, 75, 76, 78, 79, 82, 87, 90, 92, 96, 97, 99), zu gewinnen sein, sobald die objektive Kritik diesen Erzeugnissen einen genügenden Kunstwert zuerkennt.

Bei interner Matsetzung wird der betreffende Stein, wenn er an sich nur eine geringe Kraft entfalten kann, womöglich durch eine mächtig auf das Königsgebiet (bez. auf die verschiedenen Matnetze) einwirkende Figur (wie im Diagramm 95) gedeckt, weil auf diese Weise der Eindruck der beschränkteren Wirkung der matsetzenden Figur durch den Effekt des ökonomischen, innigen Zusammenwirkens der Steine des Siegers paralisiert wird, was um so besser ist, wenn auch noch mehrfache Schlußwendungen (wie in den Diagrammen 51 und 95) erzielt sind. Bedarf jedoch das an sich mächtige matsetzende Stück zu dem Zwecke einer besonderen Unterstützung, um innerhalb des Königsgebietes seine volle Macht entfalten zu können (Dame oder Turm), d. h. muß jenes Feld, auf welchem sich dasselbe postiert, erst besonders bedeckt, bez. bestrichen werden, so eignet sich hierzu, wenn nicht mehrfache Matwendungen demonstriert werden sollen, wie in den Diagrammen 73 und 77, am besten ein Bauer (wie in den Diagrammen 18, 28, 91), denn bei Benützung eines Offiziers würde die unselbständige Wirkung der matsetzenden schweren Figur auffällig und in dem Maße häßlicher werden, als die Fähigkeit der stützenden Figur, Felder des Matgebietes zu bestreichen, einen Kräfteüberschuß des matsetzenden Steines demonstriert. Man wird demnach z. B. vorziehen, eine Matposition zu konstruieren, in welcher der Turm ungestützt auf c3 den auf c5 postierten schwarzen König matsetzt und wird einen weißen Springer besser dazu benützen, daß er (z. B. von c2 aus) die Felder b4 und d4 bestreicht, statt daß man einen auf c4 intern matsetzenden Turm durch einen Sb2 oder d2 unterstützt, wenn auch die Felder b5, d5 und b6, d6 in beiden Fällen, z. B. durch noch einen weißen Sc7 und durch zwei schwarze Bauern b6, d6 bestrichen, bez. besetzt sind, also in beiden Positionen der gleiche Materialaufwand erfolgt. Soll aber die Vollwirkung des weißen Turmes unbedingt dargestellt werden, so wird die Deckung desselben nur durch einen weißen Bauer b3 oder d3 erfolgen und damit zugleich die Mitwirkung einer Figur erspart sein. Insbesondere wird es der kunstsinnige Komponist vermeiden, daß die matsetzende Figur durch eine andere von gleicher Frontal- oder Diagonalwirkung unterstützt ist, also z. B. die den Kc5 matsetzende Dame b4 durch einen Läufer a3 oder der den Kc5 matsetzende Turm c4 durch einen Turm c3 oder der den Kc5 matsetzende Bauer b4 durch einen den Bauer überflüssig erscheinen lassenden Läufer a3, weil hier überdies noch der äußere Anschein einer doppelten Wirkung auf das Standfeld des Königs entsteht, wenn auch der dahinter stehende Läufer oder Turm so wenig seinerseits den feindlichen König matsetzt, als ein hinter der Dame b4 stehender Läufer unmittelbar einen auf c5 postierten schwarzen Bauer oder Offizier zu schlagen in der Lage ist. Auch der weiße König soll, wenn er als Stütze einer matsetzenden Figur benützt wird, so postiert sein, daß er nur die zur Unterstützung unbedingt nötige Kraft hierauf verwendet und die überschüssige Kraft wo möglich im sonstigen Lösungsverlauf zur Geltung bringt. Auf diese Weise ergiebt es sich, daß er wohl oft als matnetzbildende Figur in voller Kraft (drei Felder bestreichend), dagegen selten und mit sehr beschränkter Wirkung (diagonal ein Feld bestreichend) als Unterstützer der matsetzenden Figur verwendet ist. Von Problemen, in welchen die matsetzenden Figuren intern postiert sind, kommen in der Sammlung (Abteilung II) überhaupt nur zehn vor (worunter sich einmal [Nr. 98] die zweifach dargestellte Matsetzung durch einen Bauern ergiebt, welche immer intern sein muß), weil die Komponisten nicht nur die externe Matsetzung aus ästhetischen Gründen vorziehen, sondern auch überhaupt alle Figuren, welche das Matnetz bilden, mit Vorliebe außerhalb des Königsgebietes postieren. Eine einzelne kleine Figur muß allerdings oft innerhalb des Matnetzes aufgestellt sein, weil entweder ein Bauer die Deckung zweier Felder in der Diagonale oder von oben nach unten nicht besorgen kann oder ein Läufer, bez. Springer wegen des übrigen Lösungsverlaufes an Stelle eines oder zweier Bauern verwendet wird, wobei noch in Betracht kommt, daß der Komponist zuweilen aus richtigem ästhetischen Gefühl die Benützung zweier diagonal postierter Bauern innerhalb des Matnetzes gern vermeidet; kommen jedoch zwei Figuren, wie in Nr. 16 und 100, innerhalb des Königsgebietes vor, so liegt der zwingende Grund bereits ausschließlich in der besonderen Idee und es bildet nur noch die in den Diagrammen 15, 52, 71, 86 und 88 benützte Matwendung einen durch die doppelte (ökonomische) Wirkung des Läufers als matsetzenden und stützenden Stein in sich begründeten Fall der Benützung einer schweren Figur innerhalb des Matnetzes, welcher sich auch durch das Zusammenspiel von Springer und Turm ergeben kann. Man wird in den Diagrammen 24, 29, 34, 37, 56, 65, 78 und 90 Studien hinsichtlich der Bauernbenützung innerhalb des Matnetzes einerseits und in den Diagrammen 28, 34—37, 39, 82, sowie 19, 26, 41, 60 und 69 hinsichtlich der internen Verwendung eines Läufers, bez. eines Springers anderseits anstellen können und angesichts der so rigorosen Abwägung und Benützung der Angriffskräfte erklärlich finden, daß der Komponist aus richtigem Schönheitsgefühl um so mehr auch das Vorhandensein überflüssig gewordener Steine innerhalb des Königsgebietes vermeiden, d. h. Sorge tragen wird, daß die später unbenützten Hilfsmittel zur Herbeiführung des Mats a priori außerhalb des prädestinierten Matgebietes stehen oder vor dem Schlusse aufgebraucht (weggeschlagen) werden. Daß indessen das Vorhandensein eines einzelnen überflüssig gewordenen weißen Bauern nicht stets verhindert werden kann, geht aus den Schlußpositionen in den Diagrammen 4, 8, 12, 31, 65, 73, 84 und 97 hervor, welche die wenigen Beispiele von in dieser Art unreinen Matbildern in der nachstehenden Sammlung sind.

b. Anzahl der benützten Angriffsfiguren.

Was die Anzahl der zum Mat benützten Angriffsfiguren betrifft, so wird begreiflicherweise von dem maßgebenden Grundsatze: sowohl die aktiv (matsetzend) postierten Figuren, als die passiv (bloß bestreichend) wirkenden Steine möglichst ihre volle Kraft entfalten zu lassen, zuweilen allerdings, namentlich in zwei- und dreizügigen Problemen, zu gunsten der besonderen Idee ziemlich weit abgegangen, wobei jedoch niemals das Gebot der Mitbenutzung jeder Figur an der (reinen) Matnetzbildung außer Acht gelassen wird. Als Korrektur hat jedoch hierbei der Kunstsinn des Komponisten die Praxis herausgebildet, daß die in der Matposition wenig zur Geltung kommenden schweren Figuren (insbesondere die Dame) desto wichtiger für den vorangehenden Lösungsverlauf werden und in der Schlußstellung entsprechend ihrer geringeren Kraftentfaltung fern vom feindlichen König aufgestellt sind, eine Methode, deren Effekt in den Diagrammen 2, 3, 5, 7, 8, 10, 13, 16, 19, 21, 27—29, 32—35, 39, 40 zur Geltung kommen muß. Eine Konsequenz dieser im Geiste der Kunstgesetze gehaltenen Kompositionsweise ist es denn auch, daß Matpositionen, in welchen kleine Figuren oder Bauern von schweren in der Nähe des Königs postierten, sehr beschränkt wirkenden Steinen gedeckt sind, wie z. B. Weiß Kh3, Df3, Lf4, Be4; Schwarz Ke5, Dc3, Bd4, e6, f6 (von unreinen Matstellungen nicht zu sprechen!), in guten Erzeugnissen kaum wirklich vorkommen und nur der Fall der Unterstützung eines matsetzenden Bauern durch einen hinter (statt vor demselben) stehenden Turm (z. B. Weiß Kf7, Dc8, Te2, Ld2, Be3; Schwarz Ke4, Le5, Sd5, Bg4 engere Matführung durch Dc8—f5† und e3—e4‡) zu den zuweilen benützten, von der Kritik gebilligten Schlußwendungen gehört.

c. Verwendung von Bauern und von Verteidigungsfiguren.

Die Freiheit, welche die Kunstgesetze dem Komponisten hinsichtlich der Verwendung von Bauern überhaupt und von Offizieren der unterliegenden Partei gewährt, wird grundsätzlich nur zur Variantenbildung und zwar derart benützt, daß die teilweise Verstärkung des Angriffes durch weiße Bauern und die Verstärkung der Verteidigungsmittel wieder nur ökonomisch, d. h. bloß so weit vorgenommen wird, als dies zur Durchkreuzung einer zu starken Drohung, zur Verbesserung einer zu kurzen oder schlechten Variante nötig, bezw. zur Bildung einer neuen guten Variante erforderlich ist, woraus sich eine eben so genaue Abwägung und Berechnung der Verteidigungs-, wie der Angriffsmittel ergiebt. Der Grund liegt in der Erkenntnis, daß dem feinen Angriffe eine feine, nicht wuchtige Verteidigung entgegengestellt werden soll und es sich nicht um eine mehr oder minder mechanische Ausgleichung der numerischen Kräfte beider Teile handeln kann, welche für das Problem völlig gleichgültig ist. Zuweilen wäre es möglich, ein gutes Variantengefüge dadurch zu erzielen, daß Verteidigungsfiguren mit auffallend beschränkter Wirksamkeit benützt werden, welche insbesondere durch schwarze Bauern oder durch andere gänzlich zur Passivität (zur Statistenrolle) bestimmte schwarze Offiziere in der freien Bewegung behindert sind; auf dieses Mittel verzichtet aber der Kunstsinn des Komponisten, sobald die Statisten in der Anfangsposition eine peinliche Rolle spielen, insbesondere im Heerlager des Feindes Posto fassen müssen und dem Produkte mehr oder minder den Eindruck des Gekünstelten (statt Kunstvollen) verleihen, so daß die Anfangspositionen in den Diagrammen 10, 36, 51, 54, 57 und 83 als die selbst gesteckte Grenze der Freiheit in dieser Hinsicht zu betrachten sind. Dagegen gestatten sich die Komponisten, schwarze Bauern zur Verbesserung der Anfangsposition frei zu benützen, wenn dadurch ohne Schädigung des Probleminhaltes en prise stehende Verteidigungsfiguren gedeckt und einzelne weiße Bauern in ihrer Wichtigkeit unauffälliger gemacht werden können, indem nämlich im ersteren Falle eine Verbesserung der Anfangsposition erzielt, im anderen Falle die Vermutung auf die gewöhnliche Rolle des weißen Bauern (als Hemmnis für Verteidigungssteine und als [passiver] Unterstützer weißer Offiziere) gelenkt und überhaupt die Macht desselben durch Degradation von einem freien zu einem unfreien Bauern wesentlich vermindert wird. Auch die Linienunterbrechung, selbst durch einen sonst zwecklosen weißen Bauern, kommt mit Recht vor, wenn mittels derselben die en prise-

Stellung einer wichtigen Angriffsfigur verhindert wird und es bietet das Diagramm 70 in dem Bauer h5 ein Beispiel dieser Art.

Seltener ergiebt es sich, daß ein Angriffsoffizier in der Anfangsposition durch einen schwächeren ersetzt werden könnte oder lediglich die Stelle eines Bauern vertritt, wie dies in den Diagrammen 27 (verglichen mit 112) und 74 vorkommt, in welchen einerseits auf a8 ein Turm statt der Dame postiert und anderseits der Läufer c4 durch einen Bauer abgelöst werden könnte; wo dies aber den guten Eindruck des ganzen Problems (ohne Verletzung eines Kunstgesetzes) fördert, beansprucht der Komponist ebenfalls die Freiheit der Wahl, wie denn auch in den citierten Beispielen zum mindesten eine Vermehrung der Verführungen (im Diagramm 27 übrigens zugleich eine thatsächliche Erweiterung des Inhaltes durch die Variante Ld2 × c3) erzielt wird.

d. Verwendung des Königs der siegenden Partei.

Die Pflichten-Kollision, in welche der Komponist gewissermaßen hinsichtlich der Verwendung des Königs der angreifenden Partei gerät, indem es einerseits eine logische Konsequenz des Begehrens nach ökonomischer Verwendung der Steine ist, wenn der weiße König an der Herbeiführung des Mat selbst mitwirkt, anderseits aber eine partiegemäß gute Aufstellung des Königs in der Anfangsposition selten möglich ist, wird von dem Komponisten, wenn eine nach beiden Richtungen vollkommene Leistung unerreichbar ist, grundsätzlich zu gunsten der Mitbenützung des weißen Königs entschieden, weil die Erfahrung nicht nur längst gezeigt hat, daß der König sehr oft zur Bestreichung von Feldern des Matnetzes oder zur Stützung von Angriffsfiguren im Hauptspiele sowohl als in den Varianten verwendet werden kann und daher andere Steine ersetzt, sondern auch daß dessen geeignete Postierung in der Anfangsposition häufig mit Rücksicht auf Nebenlösungen oder Lösungsverhinderungen außerordentlich schwierig wird, so daß die Gewinnung des richtigen Feldes, bezw. die beste Ausnützung der exzeptionellen Stellung des weißen Königs im Probleme zu einem Feinheitsmomente wird, welches zu wahren mit Rücksicht auf die Aufgaben der Problemkunst weit wichtiger ist, als die Beobachtung der Ergebnisse guter Partien, nach welchem allerdings die Wahrscheinlichkeit eines Vorrückens des Königs der siegreichen Partei in die oberen Reihen in der Regel erst bei Beginn des eigentlichen Endspieles entsteht. Man wird daher unter den Problemen der Sammlung nur wenige Stücke (etwa die Nrn. 9, 16, 28, 43, 44, 70, 79, 86, 87, 98) finden, in welchen die Postierung des weißen Königs bedeutungslos ist (und sodann aber auch ohne Überwindung von

Schwierigkeiten an gewünschter Stelle erfolgen konnte), woraus wohl an sich schon die innere Begründung der geschilderten Maxime resultiert oder aber auch der Beweis abgeleitet werden kann, daß die pedantische Bevorzugung der partiewahrscheinlichen Anfangsposition eine wesentliche Beschränkung des Kompositionsstoffes zur Folge hat. Übrigens kommen in den 100 Problemen der Sammlung noch immer ca. 70 relativ gute Königsstellungen vor, weil die einseitige Entscheidung zu gunsten der Ökonomie immer erst nach eingehendem Studium der Position erfolgt und doch oftmals noch in letzter Stunde eine wesentliche Korrektur der Anfangsposition im Sinne des „Partiegemäßen" gelingt.

e. Gestaltung des inneren Lösungsverlaufes.

Von den leichter zu handhabenden Behelfen, welche dem Komponisten zur Gestaltung des Lösungsverlaufes vom zweiten Lösungszuge an bis zum Mat in reichlicherem Maße zur Verfügung stehen, und welche wesentlich aus der unmittelbaren Matdrohung bei beschränkter Variantenbildung, sowie aus dem direkten Figurenopfer bestehen, macht der Komponist nur in dem Maße Gebrauch, als es die Durchführung der Problemidee unbedingt verlangt, so daß eher eine grundsätzliche Verzichtleistung auf die bequeme Bildung des inneren Lösungsweges und auf die Benützung der Opferwendungen als regelmäßigen Abschluß angenommen werden kann. Demnach sind Probleme nicht selten, in welchen vom 2. oder 3. Lösungszuge an noch eine Benützung des Zugzwanges eintritt (Diagramme 22, 27, 30, 46, 78, 80), oder die mit dem ersten Lösungszuge begonnene Zugzwangnützung im 2. oder 3. Zuge des Problems weiter geführt erscheint (Diagr. 18, 45, 73, 74, 75, 76, 84), in welchen vom 2. Zuge an erst eine stille Drohung wirkt (92), oder nach der mit dem 1. Zuge in Wirkung gesetzten stillen Drohung auch noch im 2. Zuge eine solche folgt (68, 72, 81, 97), in welchen noch mit dem 2. oder 3. Zuge des Hauptspiels eine umfangreiche Verzweigung entsteht (55—57, 63—66, 69—71, 73, 75, 76, 87, 88, 90, 92, 94, 95, 97, 99), in welchen auf jedes Figurenopfer gänzlich Verzicht geleistet wird (2, 4, 22, 27, 30, 32, 37, 73, 84, 100) u. s. f., weil, abgesehen davon, daß zuweilen für einen guten Ideenkern, bezw. für ein gutes Variantengefüge nur ein wenig befriedigender Einleitungszug gefunden zu werden vermag, jener fähige Komponist, der es einmal dahin gebracht hat, den Zugzwang oder stille Drohungen zu benützen, bei der Variantenbildung die ökonomische Verwendung von Figuren durch die geschickte Aufstellung wett zu machen, die richtige Gliederung zu finden etc. — stets den Stoff genau studieren und erkennen wird, in welchem Falle die Weiterbildung des Zugzwanges, die Weiterbenützung der stillen Drohung, resp. die Wahrung des inoffensiven Charakters der Züge (wie derselbe dem ersten Lösungszuge in der Regel zu eigen sein soll) für den weiteren Lösungsweg ideegemäß ist.

f. Figurenopfer.

Das Figurenopfer spielt gegenwärtig eine andere Rolle, als in jenem Entwickelungsstadium der Aufgabenkomposition, wo der stille Zug fast nur in Roi dépouillé-Positionen heimisch war. Das Figurenopfer wird mit Schachgebot, sei die Opferung direkt oder indirekt, nur zur engeren Matführung benützt, was sich schon aus der Beschränkung der Zahl der schachbietenden Züge ergiebt, so daß nur jene Stücke, wo der entscheidende direkte Angriff auf die Königsposition zwei oder ausnahmsweise drei Züge erfordert, solche Opfer von augenblicklich zwingender Kraft enthalten. Aber auch diese Benutzung erfolgt nicht mehr ohne bestimmten inneren Grund: es wird entweder die gleichzeitige Darstellung mehrerer, bez. gleichartiger Opferwendungen in einem und demselben Problem oder doch variantenreicher Matführung (Diagr. Nr. 10, 11, 17, 43, 44, 47, 48, 50, 55—59, 63—72, 76, 86—89) oder die besondere auf den dazugehörigen zweizügigen Schluß hinzielende Einleitungsidee (13, 14, 16, 20, 42, 49, 52, 54, 62, 93, 94, 96) Motiv des direkten Opfers mit Schachgebot sein. Wenn zuweilen der Problemschluß durch keinen derartigen Beweggrund gerechtfertigt ist, so wird der Komponist entweder die Hauptvariante nur als Mittelglied einer guten Variantenkette oder als bestmöglichste Ideenakkomodation in Zugzwangproblemen erscheinen lassen (wie dies in den Diagrammen 9, 12 bezw. 19, 45, 75 angenommen ist), oder es handelt sich um die notwendige Ablenkung eines Steines, welcher dann regelmäßig zur Matnetzbildung mitverwendet wird. Für die Einleitungszüge bietet sich nunmehr das stille Opfer dar, welches weit versteckter angelegt werden kann (man vergleiche die Diagramme 8, 21, 23—25, 28, 29, 31, 33, 38, 40, 41, 57, 61, 62, 65, 77, 79, 82, 83, 85, 86, 88, 90, 92, 93, 95—99), auch zuweilen nur ein Scheinopfer ist, weil seine Annahme nur eine Nebenvariante und nicht das Ideenspiel ergiebt (Diagramme 8, 29, 42, 52, 62, 82, 86, 91, 93, 99) und oft mit bester Wirkung indirekt gegeben werden kann, wodurch die Selbständigkeit der Kombination, bzw. die Herabdrückung der Opferung zu einem bloßen (selbstverständlich kunstgerechten!) Mittel am klarsten zum Ausdruck gelangt, wie dies aus den Diagrammen 1, 3, 6, 7, 15, 18, 25, 26, 28, 29, 33, 36, 46, 48, 50—55, 59, 60, 62, 67, 70—72,

74, 78, 80, 81, 83, 86, 88, 90—95, 99, insbesondere aber aus den Nummern 1, 6, 7, 18, 28, 55, 60, 74, 91 und 94 erhellt. Auch bei Einführung von Figurenopfern in den Lösungsverlauf geht der Komponist wieder von demselben Grundsatze aus, welcher ihn bei der Gliederung des Lösungsverlaufes leitet, indem er im Falle des Zusammentreffens verschiedener Opferungsarten in einem Problem womöglich mit dem indirekten Opfer, als dem wenigst zwingenden, beginnt, das direkte stille Opfer hierauf erst folgen läßt und mit dem direkten Opferungsangriff (schachbietenden Zug mit gleichzeitigem direkten oder indirekten Figurenopfer) schließt, wie dies aus den Diagrammen 25, 28, 29, 33, 67, 86, 88, 93, 95, 99 entnommen werden kann.

Das indirekte stille Opfer ergiebt sich häufig dadurch, daß schon in der Anfangsposition die betreffende Figur en prise steht und mit dem ersten Lösungszuge nicht weggezogen oder gedeckt, sondern zum absichtlich aufgegebenen Objekt gestempelt wird. Diese Art indirekter Opferung hat kein Bedenken gegen sich, sobald der betreffende Stein aller Wahrscheinlichkeit nach im letzten Zuge der imaginären Partie angegriffen worden sein konnte (z. B. im Diagramm 15 durch Dh2—g2) oder die Übermacht der siegenden Partei das en prise-Stehenlassen einer (überdies kleinen) Figur an sich erklärlich erscheinen läßt (z. B. in den Diagrammen 3, 11, 20, 25, 34, 59, 67, 74); nur muß der Komponist dafür Sorge tragen, daß das voraussichtliche Geschlagenwerden dieser Figur keinen wesentlichen Anhaltspunkt zur leichten Auffindung der Lösung gewährt, weil sonst wieder von der Kritik der Abbruch der Partie zur unrichtigen Zeit, nämlich in einem Momente, wo ein wichtiges Opfer schon gebracht war (demnach auch der Beginn des Problemes im unrichtigen Momente) deduziert werden würde, was einerseits durch ein lebendes Beispiel, wie es eine Prüfung der Position des Problemes 51 nach geschehenem ersten Zuge (also unter der Supposition einer dreizügigen Aufgabe) darbietet und anderseits durch die Betrachtung verständlich gemacht werden kann, daß der Lösungsbeginn grundsätzlich nicht aus dem Wegziehen oder Decken einer en prise stehenden Angriffsfigur bestehen kann, sofern das Problem die Aufgabe hat, den Löser der gewöhnlichen trockenen Partietaktik zu entrücken. Dieser letzterwähnte Umstand veranlaßt den Komponisten auch mit Vorliebe den ersten Lösungszug ohne Opferangebot (also auch ohne en prise-Postierung einer Figur in der Anfangsposition) zu arrangieren oder erst mit dem ersten Zuge indirekt (also mit Aufgabe einer Deckung) zu opfern (z. B. Diagramme 6, 7, 18, 55 und bezw. 1, 28, 74) und in den Fällen, wo in der Anfangsposition weiße Figuren angegriffen stehen müssen, einerseits durch die übrigen, noch vorhandenen, aktionsfrei postierten Angriffsoffiziere genügende Ablenkungen, bez. Verführungen zu schaffen, anderseits aber eine en prise stehende Figur nur dann im ersten Lösungszuge zu bewegen oder zu decken, wenn entweder doch eine Opferung derselben, nur an anderer Stelle (wie im Diagramm 82) erfolgt, oder von Anfang an (in Kompositionen größeren Stils) zwei oder drei Figuren en prise postiert sind, so daß keine Kennzeichnung einer einzelnen zur Opferung bestimmten Figur vorliegt, sondern der Beginn des Problemes vielmehr eine bestandene, bez. bestehende, durch die Lösung zur Klärung gelangende Verwickelung demonstriert, wie dies aus den Diagrammen 83, 88, 93 bezw. 70, 72 und 94 ersichtlich ist. Auch die direkte (wenn auch stille) Opferung im ersten Zuge wird, wegen der notwendigen Verlegung des Lösungsschwerpunktes gegen das Ende zu, mit Vorliebe vermieden und allenfalls so zur Anwendung gebracht, daß nicht die Annahme des direkten Opfers, sondern irgend ein anderer Zug (allenfalls auch die Annahme eines schon dastehenden indirekten Opfers) das Mittel zur Herbeiführung des Ideenspieles wird, wie dies aus den Diagrammen 6, 8, 42, 52, 65, 82, 86, 98, dann 29, 50, 62, 91 und 99 hervorgeht, welchen 14 Problemen nur fünf Stücke der Sammlung (23, 24, 41, 61, 77) gegenüberstehen, in denen der Autor wegen des besonderen Inhaltes die Herbeiführung des Hauptspiels von der wirklichen Annahme des direkten Opfers abhängig machen mußte.

g. Konstruktion des ersten Zuges.

Es versteht sich zwar von selbst, daß nicht der erste Zug für sich, sondern stets der ganze Inhalt des Problems den allein richtigen Maßstab zur Beurteilung der Leistung abgeben kann, so daß nicht nur direkte Opferangebote im ersten Zuge, sondern auch ein naheliegender Beginn der Einleitung überhaupt sowie starke, schachbietende Drohungen insbesondere noch immer am Platze sein können, weil der feinere 2. oder 3. Zug, bezw. das erst allmählich zutage tretende gute Variantenspiel, den vorteilhaft wirkenden Gegensatz schafft. Nichtsdestoweniger wird der Komponist von den stillen Zügen doch in der Regel dem ersten derselben, nämlich dem unmittelbaren Beginne der Lösung, die größte Sorgfalt zuwenden und diesen in gleichem Maße schon in den Entwurf seine Idee aufzunehmen trachten, wie die gute Matposition gewöhnlich schon in der Phantasie des Problemkünstlers beiläufig entsteht. Es liegt der Grund hierfür in dem richtigen Gefühle, daß der erste Lösungszug doch der eigentliche Träger jener Schwierigkeit ist, welche die feine Idee, bezw. die kunstgemäße Ausführung derselben bedingt und demnach ebenso wie der die schönste Darstellung des erreichten Zieles erfordernde Schlußzug als ein Ausläufer der Problemlösung, nur in retrograder Richtung betrachtet werden muß, gegen welchen hin nachträglich eine Probe auf die Güte der Eröffnungskombination angestellt werden kann. Wenn daher schon für jeden Problemzug der Ausdruck des Edlen verlangt wird, welcher sich zunächst indirekt durch Vermeidung gewisser partiegemäßer Wendungen, wie Tauschoperationen und unmotiviertes Schlagen feindlicher Figuren, äußern soll, so tritt bei der Konstruktion des ersten Lösungszuges noch eine weitere Aufgabe an den Komponisten heran, welche in der direkten, dem Auge sofort wahrnehmbaren Verschönerung desselben besteht und in dem Maße an Wichtigkeit gewinnt, als die kürzere Zügezahl die möglichste Zuspitzung des Inhaltes gegen den Schluß sowohl als gegen den Anfang zu verlangt. Es bildet daher den Beginn der Lösung gewöhnlich ein scharf ausgeprägter charakteristischer Zug, der Problemzug im eigentlichsten Sinne des Wortes, welcher seiner äußeren Erscheinung nach besonders in guten zwei- und dreizügigen Problemen beobachtet werden kann, aber auch in vier- und fünfzügigen Aufgaben noch immer vorkommt (z. B. Diagramme 44, 45, 52, 53, 60, 62, 74, 78, 80, 81, 85, 86, 93, 94, 96 und 100), und dessen inneres Wesen in der Verfolgung eines tiefer liegenden, mit den Aspekten der Anfangsposition scheinbar (nämlich der ersten oberflächlichen Betrachtung nach) kontrastierenden Zweckes besteht. Dieser charakteristische Problemzug (welcher übrigens auch zuweilen in der Mitte der Lösung entweder verdoppelt oder gewissermaßen verspätet auftreten kann, wie in den Diagrammen 21, 39, 56, 57, 60, 68, 73, 74, 90, 91) besteht vornehmlich: entweder aus dem anscheinenden Rückzug einer wichtigen Angriffsfigur auf ein weniger günstiges Feld (z. B. Diagramm 34), oder aus dem anscheinend für den Angreifer bedenklichen Freigeben von Feldern für den feindlichen König oder von einzelnen Verteidigungssteinen (z. B. Diagramm 33, bezw. 90 [2. Zug]), oder auch aus dem anscheinend zwecklosen Verstellen wichtiger Angriffssteine (z. B. Diagramm 31), oder endlich aus einer Vereinigung der verschiedenen Motive, indem der Rückzug zugleich mit einem Freigeben von Königsfeldern (Diagr. 32), die Verstellung zugleich mit der anscheinend resultierenden größeren Beweglichkeit einer Verteidigungsfigur (Diagr. 14) zusammenfällt. Auch der neutrale Zug, welcher keinerlei ersichtliche Einschränkung der Bewegungsfähigkeit des feindlichen Königs oder der Macht der feindlichen Figuren erwirkt, sondern lediglich eine auf dem Erkennen der ganzen Kombination beruhende bessere Aufstellung der betreffenden Figur zum Zwecke hat (z. B. Diagr. 61), gehört noch hierher, sobald nur nicht für den geübten Löser aus der Anfangskombination bereits die Matwendung herausleuchtet und das Auffinden des Eröffnungszuges, welcher den Hebel zur Herbeiführung derselben (die Drohung oder den coup de repos im Zugzwangprobleme) enthält, lediglich zur ergänzenden Lösungsarbeit wird, ein Vorbehalt, welcher erklärlich wird, wenn man die Position: W. Kd2, Db2, Tg4, Sf4, Ba3, h4; Schw. Ke4, Ta4, Sg8, Ba7, b7, d5, f3, g6 (Mat in 3 Zügen) mit dem Diagramm 16 und die Position: W. Kb6, Dg4, Tg1, Lf4, h1, Sd7, f3, Ba2, b4, d6, e2, h2; Schw. Ke4, Lf7, Sg2, h5, Bb7, d2, e3, h3, h6 (Mat in 3 Zügen) mit dem Diagramm 20 vergleicht.

h. Verhältnismäßige Verwendung von Bauern und Offizieren.

Mit der zuletzt erörterten Konstruktion des ersten Zuges ist in der Hauptsache der hierher gehörige Stoff erschöpft, und es kommt nur noch eine prinzipielle Frage in Betracht, welche die Verwendung der Bauern und Offiziere überhaupt, in der Anfangsposition sowohl als im Lösungsverlauf, betrifft. Man kann nämlich wahrnehmen, daß die Komponisten auf eine maßvolle Benützung der Bauern bei Entwurf der Problemidee wie bei Ausarbeitung derselben auf dem Brette Gewicht legen, weil die vielfache Verwendbarkeit jener (nämlich zur Stütze von Angriffsfiguren, zum Blockieren, zur Linienunterbrechung und zur Matnetzbildung im Hauptspiele und in den Varianten) durch den Umstand in den Schatten gestellt wird, daß die geringe Kraft des einzelnen Bauern leicht zur unschönen auffallenden Anhäufung einer größeren Anzahl derselben an einer Brettstelle und zur Entstehung unnatürlicher Positionen führt. Demnach wird zunächst die Matnetzbildung mit Vorliebe durch weiße Offiziere vollzogen, welche leicht von fernher zur Entscheidung herangeschwenkt werden können und daher viel eher geeignet sind, den Löser das Geheimnis der Matnetzbildung schwerer erraten zu lassen; ferner wird in allen den Fällen, wo entweder eine Ergänzung des Matnetzes oder sonst eine Bestreichung, Besetzung oder Linienunterbrechung durch Bauern erfolgen muß, so oft es angeht, der schwarze Bauer dem weißen Bauer vorgezogen, weil eine (wenn auch mit negativer Wirkung gedachte) Vermehrung der Verteidigungsmittel eher die beste Kräfteausnützung der Angriffssteine vermuten läßt und in der That zuweilen durch einen beweglichen schwarzen Bauer eine ganz gute Variante entsteht, wie dies das Diagramm 26 (Bauer f5) beweist; sodann wird die Verwendung eines freien Bauern in der siebenten Felderreihe nur in jenen seltenen Fällen verfügt, wo die Entstehung einer neuen Figur vor den Augen des Lösers ideegemäß durchgeführt (Diagr. 29, 82) oder die korrekte Darstellung einer tiefer angelegten guten

Idee (Diagr. 27, 67, 68, 100) nur durch dieses Mittel ermöglicht wird, weil sonst in dem stark avancierten Bauer eine verkappte Reservefigur erblickt werden kann; endlich wird die Aufhäufung vieler Bauern an einer Stelle des Brettes und die Bildung mehrerer durch keine freien Reihen getrennter oder isolierter Doppel- bezw. Tripelbauern, sowie gestürzter Paarungen (z. B. W. Ba6, b6; Schw. Ba5, b5) in einem und demselben Diagramme (abgesehen von der erreichten absoluten Partiemöglichkeit) noch aus dem ästhetisch gerechtfertigten Grunde gern vermieden, weil eine solche Anfangsposition die schwere Kompositionsarbeit in aufdringlicher Weise verrät und den Löser unwillkürlich zum Abzählen der supponierten Bauern-Seitwärtsbewegungen (durch Schlagen von Steinen, kurz: Schlagfälle) animiert. Auch wird nur in seltenen, in sich gerechtfertigten Fällen (z. B. Diagr. 98) die nahezu volle Zahl der Bauern zur Aufstellung gelangen, und man wird bei Vergleichung einer größeren Anzahl guter Probleme finden, daß die Komponisten durchschnittlich etwa die Hälfte der Bauern und zugleich durchschnittlich ungefähr gleichviel Bauern als Figuren in einem Diagramme benützen, also in ihrem wohlausgebildeten Kunstsinne dem Extreme nach der einen, wie nach der anderen Richtung, nämlich der überwiegenden Bauernbenützung sowohl als der überwiegenden Figurenbenützung, abhold sind.

II. Praktischer Teil.

Beispiele kunstgerechter Darstellung von Problemideen.

A. Einleitung.

Der absolute Wert eines Problemes beruht auf der demselben zu grunde gelegten Idee, welche dem Löser die Gedankenwelt des Autors, seine Erfindungsgabe oder doch seine besondere Auffassung und Behandlung des Stoffes erkennen lässt und dadurch im Gegensatze zu den mehr auf gleichartige Gestaltung hinstrebenden Formenregeln jedes einzelne Erzeugnis individualisiert. Aber während die im ersten Abschnitte des Buches vorgeführten Konstruktionsnormen im einzelnen sowohl als in ihrem Zusammenhange genau erklärt und begründet werden können, entzieht sich die Problemidee jeder systematischen, theoretischen Behandlung, weil sie einerseits als Seele des Kunstwerkes das Produkt einer freien, schöpferischen Thätigkeit sein soll, und weil anderseits die unübersehbare Zahl von Kombinationen, welche die Steine des Schachspieles in sich bergen, kaum eine verläßliche Zusammenstellung aller bereits dagewesenen, hierher gehörigen Spielwendungen zuläßt, geschweige denn eine wegweisende, vorausgreifende Klassifikation der Problemideen möglich macht, was um so deutlicher wird, wenn man beispielsweise beachtet, wie einmal die Problemidee in einem bestimmten charakteristischen Hauptspiele, ein andermal in der Verbindung zweier problemgemäßer Matwendungen, ein drittesmal in einem ganzen (einzeln nicht pointierten) Variantenkomplexe, ein viertesmal in einem subtilen Verteidigungsspiele etc. besteht und für jede spezielle Richtung eine ungezählte Menge von Variationen gegeben ist. Das belehrende und anregende Moment kann daher hier nur in der vergleichenden Durchprüfung anerkannt guter Probleme liegen, und es wird insbesondere durch die von den einzelnen Autoren selbst ausgehende Veröffentlichung ausgewählter Sammlungen ein geordnetes und gesichtetes Anschauungsmaterial geboten, welches um so wichtiger wird, wenn diese Publikationen zugleich stets genau den Standpunkt des betreffenden Komponisten hinsichtlich der Kompositionstechnik erkennen lassen, so daß einerseits aus dem Buche der Gewinn an neuen Problemideen bez. Ideenvariationen, anderseits aber der Einfluß einer besonderen Richtung in der Kompositionsweise auf den äußeren Charakter der Probleme und den inneren Lösungsverlauf konstatiert werden kann.

Von diesem Gesichtspunkte aus ist auch die Zusammenstellung bezw. Verbesserung und Komplettierung der im gegenwärtigen Abschnitte enthaltenen Sammlung erfolgt. Indem die im ersten Teile des Buches entwickelten Kunstgesetze konsequent beobachtet sind, heben die vorgelegten Probleme die letzte Entwickelungsstufe in der Konstruktionsmethode des Autors scharf hervor, während sie mit Hinblick auf den Plan des Buches zugleich als Beweisführung zu der im ersten Teile des Buches entworfenen Kompositionstheorie aufzufassen sind.

B. Sammlung ausgewählter Probleme.

Die nachfolgende Problemsammlung enthält 48 Probleme, welche bereits früher unverändert veröffentlicht worden sind, 21 Probleme, welche vor der Einreihung einer unwesentlichen Rekonstruktion unterzogen wurden, und 31 Probleme, welche entweder infolge der neuen Auffassung und Darstellung des Motivs oder überhaupt (als neuere Arbeiten des Autors) hiermit zum ersten Male vor die Öffentlichkeit treten. Die Aneinanderreihung der Probleme ist zunächst nach der Qualität der Drohung (man sehe die in Abthlg. III aufgestellte Tabelle), sodann (innerhalb der einzelnen aus der Tabelle ersichtlichen Gruppen) mit Höherstellung jener Probleme, in welchen der schwarze König erst während des Lösungsverlaufes das Matfeld betritt, und endlich (wieder innerhalb der erwähnten Gruppen) nach Maßgabe der Anzahl der benützten Angriffsfiguren erfolgt. Diese Einteilung ist jedoch nicht etwa als Maßstab zur Abschätzung des Wertes der einzelnen Probleme, auch nicht als Markierung gewisser Eigenschaften der Lösung (z. B. Schwierigkeit) gedacht, sondern sie hat vielmehr lediglich (wie aus dem dritten Teile des Buches hervorgeht) die Gewinnung eines für die Konstruktionstheorie wichtigen statistischen Materials zum Zweck.

1.

Mat in .2 Zügen.

2.

Mat in 2. Zügen.

3.

Mat in 2 Zügen.

4.

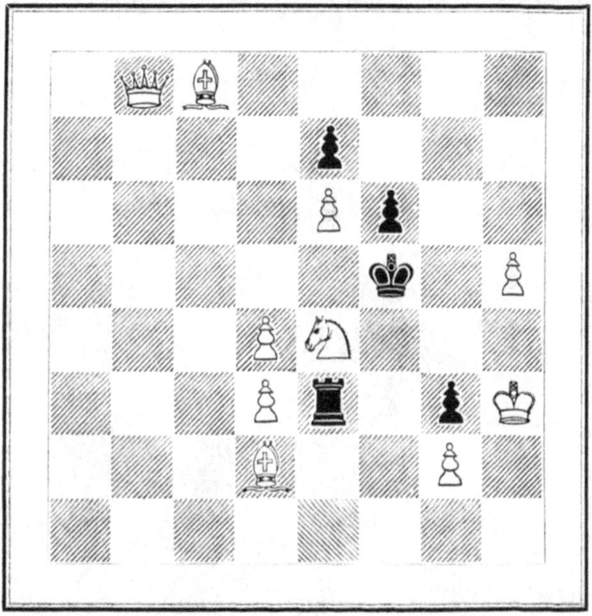

Mat in 2 Zügen.

5.

Mat in 2 Zügen.

6.

Mat in 2 Zügen.

7.

Mat in 2 Zügen.

8.

Mat in 2 Zügen.

9.

Mat in 3 Zügen.

10.

Mat in 3 Zügen.

11.

Mat in 3 Zügen.

12.

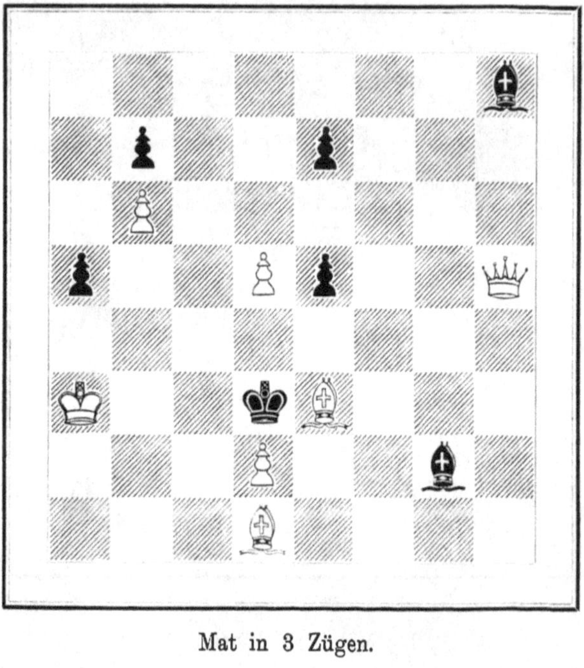

Mat in 3 Zügen.

13.

Mat in 3 Zügen.

14.

Mat in 3 Zügen.

15.

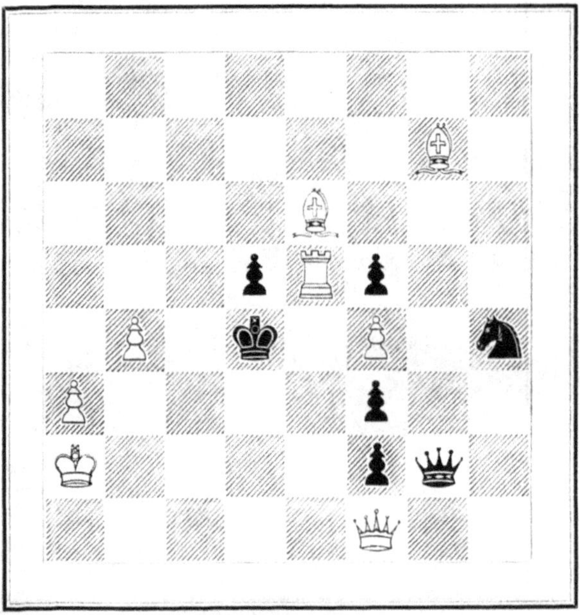

Mat in 3 Zügen.

16.

Mat in 3 Zügen.

17.

Mat in 3 Zügen.

18.

Mat in 3 Zügen.

19.

Mat in 3 Zügen.

20.

Mat in 3 Zügen.

21.

Mat in 3 Zügen.

22.

Mat in 3 Zügen.

23.

Mat in 3 Zügen.

24.

Mat in 3 Zügen.

25.

Mat in 3 Zügen.

26.

Mat in 3 Zügen.

27.

Mat in 3 Zügen.

28.

Mat in 3 Zügen.

29.

Mat in 3 Zügen.

30.

Mat in 3 Zügen.

31.

Mat in 3 Zügen.

32.

Mat in 3 Zügen.

33.

Mat in 3 Zügen.

34.

Mat in 3 Zügen.

35.

Mat in 3 Zügen.

36.

Mat in 3 Zügen.

37.

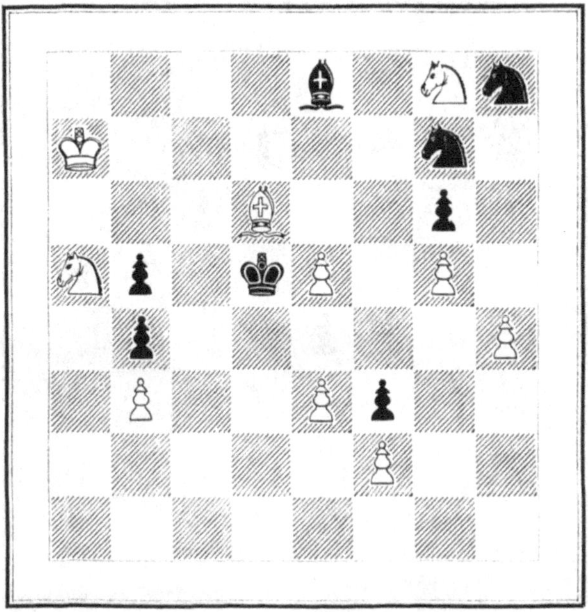

Mat in 3 Zügen.

38.

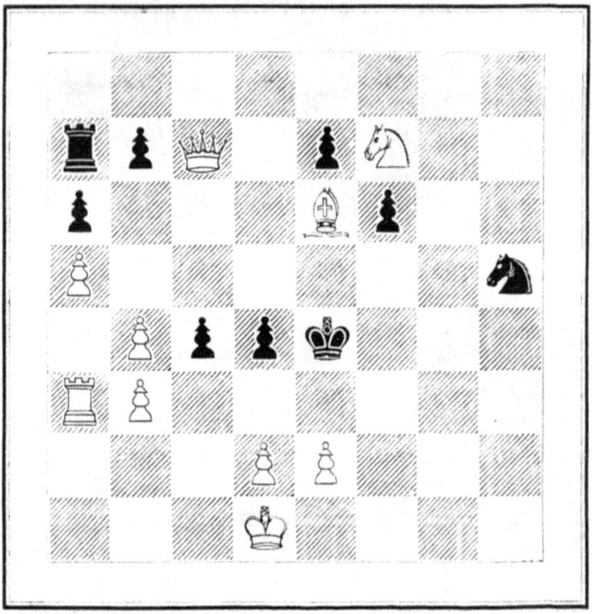

Mat in 3 Zügen.

39.

Mat in 3 Zügen.

40.

Mat in 3 Zügen.

41.

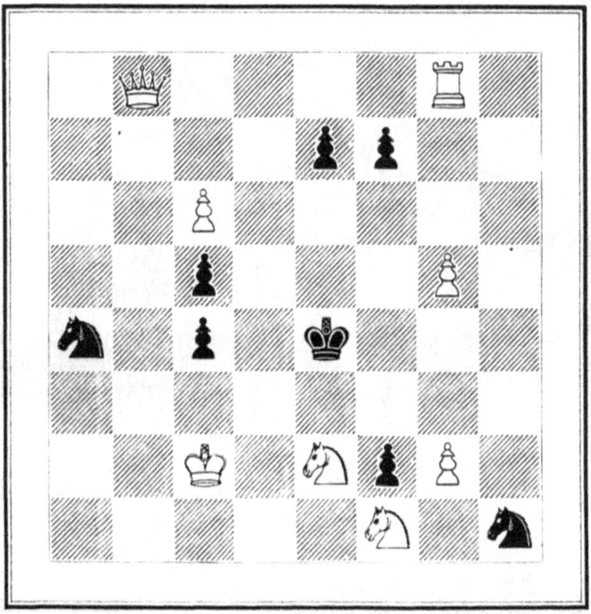

Mat in 3 Zügen.

42.

Mat in 4 Zügen.

43.

Mat in 4 Zügen.

44.

Mat in 4 Zügen.

45.

Mat in 4 Zügen.

46.

Mat in 4 Zügen.

47.

Mat in 4 Zügen.

48.

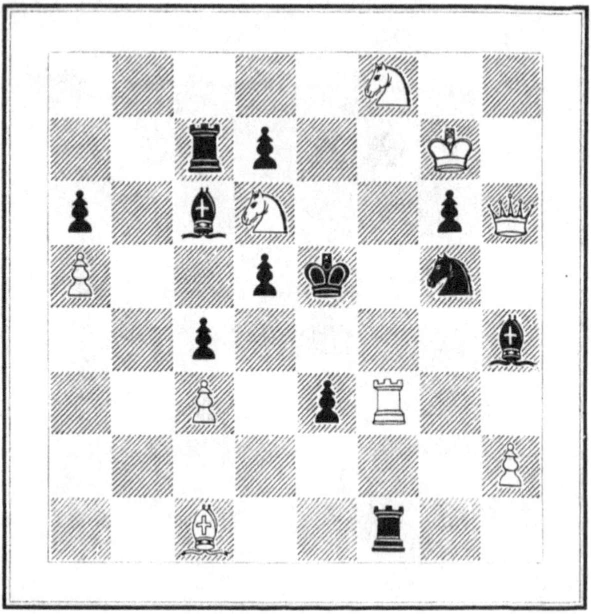

Mat in 4 Zügen.

49.

Mat in 4 Zügen.

50.

Mat in 4 Zügen.

51.

Mat in 4 Zügen.

52.

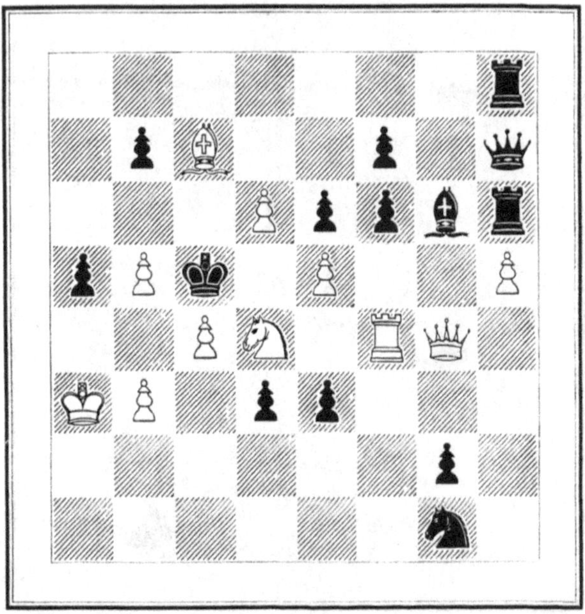

Mat in 4 Zügen.

53.

Mat in 4 Zügen.

54.

Mat in 4 Zügen.

55.

Mat in 4 Zügen.

56.

Mat in 4 Zügen.

57.

Mat in 4 Zügen.

58.

Mat in 4 Zügen.

59.

Mat in 4 Zügen.

60.

Mat in 4 Zügen.

61.

Mat in 4 Zügen.

62.

Mat in 4 Zügen.

63.

Mat in 4 Zügen.

64.

Mat in 4 Zügen.

65.

Mat in 4 Zügen.

66.

Mat in 4 Zügen.

67.

Mat in 4 Zügen.

68.

Mat in 4 Zügen.

69.

Mat in 4 Zügen.

70.

Mat in 4 Zügen.

71.

Mat in 4 Zügen.

72.

Mat in 4 Zügen.

73.

Mat in 4 Zügen.

74.

Mat in 4 Zügen.

75.

Mat in 4 Zügen.

76.

Mat in 4 Zügen.

77.

Mat in 4 Zügen.

78.

Mat in 4 Zügen.

79.

Mat in 4 Zügen.

80.

Mat in 4 Zügen.

81.

Mat in 4 Zügen.

82.

Mat in 4 Zügen.

83.

Mat in 4 Zügen.

84.

Mat in 4 Zügen.

85.

Mat in 4 Zügen.

86.

Mat in 5 Zügen.

87.

Mat in 5 Zügen.

88.

Mat in 5 Zügen.

89.

Mat in 5 Zügen.

90.

Mat in 5 Zügen.

91.

Mat in 5 Zügen.

92.

Mat in 5 Zügen.

93.

Mat in 5 Zügen.

94.

Mat in 5 Zügen.

95.

Mat in 5 Zügen.

96.

Mat in 5 Zügen.

97.

Mat in 5 Zügen.

98.

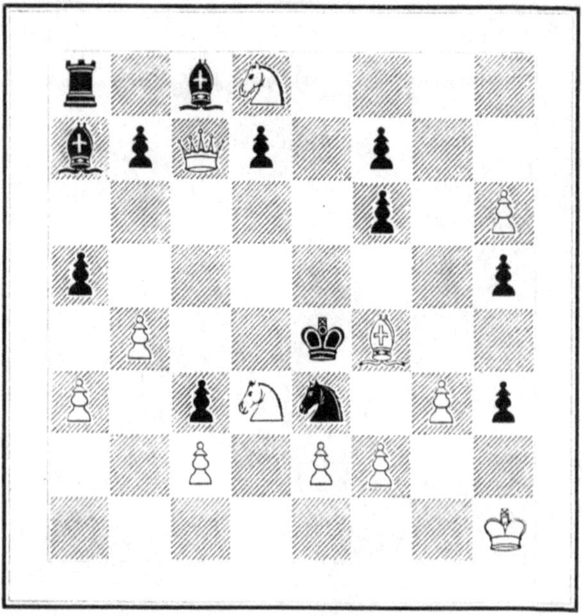

Mat in 5 Zügen.

99.

Mat in 5 Zügen.

100.

Mat in 5 Zügen.

C. Lösungen zu den Problemen der Sammlung.

Die hier zusammengestellten Lösungen sind derart geordnet, daß bei jeder Problem-Nummer zuerst die Angabe des kunstgerechten Hauptspiels und in zweiter Reihe die Vorführung der etwaigen Second-Variante (bezw. des an sich akkomodationsunfähigen eigentlichen Problemmotivs) erfolgt; die vorhandene kürzeste (eventuell zugleich schlechteste) Drohung wird stets zuletzt angegeben. Wo es wichtig ist, daß doppellösige Varianten nicht irrtümlich als beabsichtigte Inhaltsvermehrung aufgefaßt werden, erfolgt die Andeutung der mehrfachen Erledigungsmöglichkeit, während dagegen naheliegende kurze Varianten gewöhnlich unerwähnt geblieben sind.

1.

1.		2.
Se5—c6,	Kf5 × e4	Db7—b1‡
.....	Lf3 × e4	Db7—d7‡
.....	g5—g4	Te4—e5‡
.....	~	Sc6—d4, e7‡

2.

Dc2—c8,	e5—e4	Dc8—h8‡
.....	Kd4—e4	Dc8—g4‡
.....	Sb2~	Dc8—c4‡

3.

Dg5—g2,	Sb7 × d8, c5	Se4 × d6‡
.....	Kc4—b5, d6—d5	Dg2—f1‡
.....	Kc4—d5	Se4—d2‡

4.

Db8—b1,	Te3 × d3	Se4 × g3‡
.....	Kf5—f4	Db1—f1‡
.....	Te3 × e4	d3 × e4‡
.....	Te3~	Db1—b5, Sg3‡

5.

De4—e1,	Td2 × d5 od. ~	De1—a5‡
.....	Tf2~	De1—h4‡
.....	Se5~	Te6—e8‡

6.

La1—d4,	Kd5 × e4	Da4—a8‡
.....	Sb1~	Se2—c3‡
.....	c5—c4	Da4—a8‡
.....	c5 × d4	Da4 × d4‡
.....	e7 × d6	Se4—f6‡

7.

1.		2.
Db6—b2,	Kf4 × e3	Db2—c1 ‡
.....	Dg8 ~	Se3—d5, g2 ‡
.....	Lh7—g6, Sh6—f7, g4	Se3—d5, g2 ‡
.....	Sc6 ~	Db2—d4, e5 ‡

8.

Dc1—g5,	Kd5—c4	Dg5—g8 ‡
.....	Tg4 × g5 od. g3, g1	Th4—d4 ‡
.....	Tg4 × h4 od. f4, e4 etc.	Dg5—g8 ‡

9.

1.	2.	3.
Dg8—h7 Sc2 × d4	Dh7—e4† Kd5 × e4	Sb5—c3 ‡
——— Ld8—b6	Sb5—c3† K ~	D ‡
——— Ld8—f6	Dh7—b7† Kd5 × e6	d4—d5 ‡
——— c4—c3 od. T, L, S ~	Dh7—f5† Kd5—c6 (c4)	Df5—c5 ‡

10.

Le8—c6 Lf1 × h3	Sd5 × e3† Ke4—d3 (e3)	Da8—a3 ‡
——— Tb1—a1, Lc1—d2, e2 —e1 ~	Sd5 × f4† Ke4—f5 (f4)	Da8—f8 ‡
——— Ke4—d3	Lc6 × b5† K ~	Da8—a4 od. Sd5—e7 ‡
——— Ke4—f5	Da8—e8 ~	Lc6—d7 ‡
——— ~	sowohl Sd5 × e3 als Sd5 × f4† etc.	

11.

Tc3—c5 Sh1 × f2	Sd5—f6† Ke5 × f6	Da5—d8 ‡

1.	2.	3.
	— / Ke5—f4	Da5—d2‡
	— / Ke5—d6 (d4)	Da5—c7 od. c3‡
— / Ke5×f5 Th5×f5 Lh3×f5	Sd5—f4† / K~	D‡
— / ~	Sd5—f6 oder f4, bez. e7† etc.	

12.

Dh5—e8 / Kd3—c4	De8—b5† / Kc4×b5	Ld1—e2‡
— / Kd3—e4	De8—g6† / Ke4×d5	Ld1—b3‡
— / Lg2×d5	De8—b5† / ~	Db5—b1‡
— / Lg2—f3	De8—b5† / Kd3—e4	Ld1—c2‡
— / ~	De8—a4	Da4—c2‡

13.

Dh1—a1 / Tc3—h3	Tc6—d6† / Kd7×d6	Tf8—d8‡
	— / c7×d6	Da1—a7‡
	— / e7×d6	Da1—g7‡
— / Tc3—a3	Da1—e5 / ~	D od. T‡
— / ~	Da1—a8, a6, e5 / ~ (ev. Tc6—d6†)	D‡

14.

Tf4—f7 / Te6×e4	Dd8—d5† / Kc5×d5	Tf7—f5‡

1.	2.	3.
	… / c6×d5	Tf7—c7‡
… / Te6—e5 (e7)	Tf7—f2 / ∼	Tf2—c2 od. Dd8—d6‡
… / Te6—d6	Dd8×d6† / Kc5—c4	Tf7×g7‡
… / Sg7—e8, f5	Tf7—f5† / ∼	Lg8×e6 od. Tf5×e5‡
… / ∼	Tf7—c7 / ∼	Dd8—d5, d6, d4‡

15.

1.	2.	3.
Le6—c8 / Dg2×f1	Te5—e2† / Kd4—d3 (c4)	Lc8—a6‡
… / Dg2—g6	Lc8—a6 / Dg6×a6	Te5—e6‡
	… / ∼	Df1—d3‡
… / Kd4—c3	Te5×d5† / ∼	Df1—d3, c4, d1‡
… / Sh4—g6	Te5—e1† / Sg6—e5	Lg7×e5‡
… / ∼	Lc8—a6 / ∼	D oder T‡

16.

1.	2.	3.
Sd5—f4 / Ke4—f5	Db2—f6† / Kf5×f6	Sf4—e6‡
	… / K∼	Lf7—d5, h5‡
… / Sa1—b3	Db2—c2† / K∼	Sf4—e2‡
… / ∼	Db2—f6 (ev. auch Db2×c2 od. Db2×b4† etc.)	L‡

17.

1.	2.	3.
Se5—d7 Lf7—e6	Te2—e5† d6×e5	Sd7—f6‡
	Kd5—d4	Dd8—b6‡
Sa7—c6	Tc3—c5† d6×c5	Sd7—b6‡
	Kd5—d4	c2—c3‡
Th6—g6, Lf7—g8	Kd2—d3 ~	Sd7—b6, Dd8×a5‡
Th6—e6, Lf7~	Sd7—b6† Kd5—d4 (ev. auch Sd7—f6† etc.)	Tc3—c4‡
Sh8—g6, T~	Sd7—f6† Kd5—d4 (ev. auch Sd7—b6† etc.)	D auch T‡
Sa7—b5	Dd8—a8† Kd5—d4	D auch T‡
Sa7—c8	sowohl Dd8—c7, c8 als Tc3—d3† etc.	
Kd5—d4	Tc3—d3† Kd4—c4	Te2—e4‡

18.

Ld5—e6 Kd4×e5	De7—g5† Ke5×e4	Dg5—e3‡
	K~	Dg5—d5, e7‡
Kd4×e4	De7—g5 ~	Dg5—e3‡
b6—b5 (c7~)	Le6—f5 c7~ (b6—b5)	De7—d6‡

19.

1.	2.	3.
Sf2—e4 Sf4—d5	Dg5—e5† Kd4×e5 (d3)	Sh2—f3 (Dd5, Sf2)‡
 Kd4×d3	Dg5—c5 Kd3×e4	Lg4—f5‡
	 Lc1—d2	Se4—f2‡
	 Lc1—e3, S~	Dc5—c4‡
 Kd4—e3	Dg5—d5 Lc1—d2	Sh2—f1‡
 L~	Dg5—c5† Kd4×d3	S od. D‡
 Sf4×d3	Sh2—f3† Kd4×e4	Dg5—f5‡
 Sf4—e6	Dg5—f6† Kd4×d3	Se4—f2‡
	 Kd4—d5	Lg4×e6‡
 S~	Dg5—c5†	D od. S‡

20.

1.	2.	3.
Tf1—g1 Sg2×f4	Dg4—f5† Ke4×f5	Sf3—d4‡
 Lf7~	Sd7—c5† Ke4—d5	Dg4—e6, f5, g8‡
 Ke4—d5	Dg4—f5† Kd5—c4	Df5—c5‡
 d2—d1~	Tg1×d1 ~	T od. S‡
 Sg2—e1, h4	Lf4—e5† auch Sf3×d2, g5† etc.	

21.

1.	2.	3.
Df4—f8 Kc5—d4	Sd6—e4 d5 × e4†	e5—e6 ‡
	Kd4 × e4 od. ~	Df8—f4, b4 ‡
Kc5—b6	Sd6—c8† K ~	Df8—c5, d6 ‡
Kc5—b4	Sd6—e4† Kb4—a5	Df8—c5 ‡
Kc5 × c6	Sd6—c4 ~	Df8—d6 ‡
d5—d4†	Sd6—c4† Kc5 × c6	Df8—d6 ‡
~	Sd6—c8† ~	Df8—d6, b4 ‡

22.

1.	2.	3.
Dd8—d5 Kf4—g5	Ld3—g6 K ~	Dd5—d2 od. d8 ‡
Kf4—e3	Dd5 × c5† Ke3—f4	Sf8—e6 ‡
~	Sg8—e6 (g6)†	D ‡

23.

1.	2.	3.
Sf3—e5 Kf4 × e5	Dd3—e3 Ke5—e6	Se4—g5 ‡
	~	Se4 × f6, d6, c5, c3, d2, f2, g3 ‡
Sd7 × e5	Le7—g5† Kf4 × g4	Se4—f6 ‡
Sd7—b6 (f6)	Se5—g6† Kf4 × g4	Se4—f6 ‡

1.	2.	3.
h5 × g4	Se5—g6† Kf4—f5	S‡
~	Le7—g5† Kf4 × e5	Dd3—d5‡

24.

1.	2.	3.
Se6—d8 Ta8 × d8	De7—e6 Ke4—e3	Le5—f4‡
	~	Le5 × g3, f6, g7, d6, c7, b8, d4, c3, b2, a1‡
Ke4 × f5	De7—e6† Kf5—e4	L ~ ‡
~	Le5 entsprechend †	De7—e6‡

25.

1.	2.	3.
Dc1—c3 Kf4 × e4	Td3—d5 Ke4 × d5	Dc3—d3‡
	~	Dc3—f3, e3, e5, c4‡
Sg3 × e4	Td3—g3 Se4 × c3	Tg3—g4‡
	~	Dc3—e3, f3‡
~	Td3—f3† Kf4 × e4	Dc3—d3, e3 (c4) ‡

26.

1.	2.	3.
Kg7—f8 Tb2 × b3	Da2—h2 Ke5 × d4 od. ~	Dh2—h8‡
a4 × b3	Da2—a7 Ke5 × d4 od. ~	Da7—g7‡

1.	2.	3.
f5—f4	Kf8—e7 / ~	Td4—e4, S‡
~	Sc5—d7†	Sb3—c5‡

27.

1.	2.	3.
Tg8—g1 / Ld2×f4	Da8—f8 / Ke4—f3 (f5)	Sf7—g5‡
	Lf4 ~	Sf7—g5 od. ×d6‡
Ld2×c3	Sf7—g5† / Ke4×d4	Da8—a7‡
	Ke4×f4 od. f5	Da8—f8‡
Ld2 ~	Sf7—g5† / K ~	Da8—f8‡
Ke4—f3, f4, f5	Sf7—g5 (ev. auch 2. Df8, 3. Sg5‡)	Da8—f8‡

28.

1.	2.	3.
Dh4—h1 / Da8×c8	Te4×e6 / Kd5×e6	Tf3—f6‡
	Dc8×e6	Tf3—d3‡
	Kd5×c6	Tf3—f7‡
	~	Tf3—f6 (e3)‡
Kd5×e4	Tf3—g3† / Ke4—f5	Sc8—e7‡
Kd5×c6	Tf3—f7 / ~	Te4×c4, e5, d4‡
e6—e5	Te4×e5† / Kd5×c6	Tf3—f7‡
~	Te4—d4, e5† auch Tf3—f7 od. Te4×e6 etc.	

29.

1.	2.	3.
Da3—h3 Dg4×g6	f7—f8 S Tf5×f8 od. ~	Sc5×b7‡
——— Dg4×h3	Sg6—f8 ~	Sc5×b7‡
——— Dg4×d4	f7—f8D Tf5×f8 od. ~	Sc5×b7 od Df8×e7‡
——— ~	Dh3—h8 od. f7—f8D bez. S etc.	

30.

Th4—h8 Sg5—h7	c2—c3 S~	Th8—a8 od. h2‡
——— Sg5—f7	Th8—h2 ~	c2—c3(4)‡
——— Sg5—e4, e6	d3×e4, f5×e6 S~	Th8—a8‡
——— Sg5—h3 (f3)	Th8×g8 (Lf3) ~	Tg8—a8‡

31.

Le2—d3 Lf2×h4	Dc2—c3 b4×c3	d2×c3‡
	——— Kf4×g5 od. ~	Dc3—e5‡
——— Ta6—a7 (d6) h6—h5	Ld3—g6 ~	Dc2—e4 (f5), ev. d2—d4‡
——— Ta2 (a6)—a3 Ta2×b2, b4—b3 e6~, h6×g5	Dc2—d1 ~	Dd1—f3 (g4)‡
——— ~	Ld3—g6, auch Dc2—d1 etc.	

32.

1.	2.	3.
Dg7—h7 Ke6—d5	Lg6—b1 Ld6—e5 (e7—e5)	Lb1—a2‡
	~	Dh7—e4, d3, f5‡
Ke6—e5 Ld6—c5	Lg6—d3 (c2, b1) ~	Dh7—e4, f5‡
Ld6×b8, c7	Dh7×e7† Ke6—d5	De7—e4‡
Ld6—e5	Dh7—g8† Sd8—f7	Dg8×f7‡
Sd8—c6, f7	Dh7—f7† Ke6—e5	Df7—f5‡
~	Lg6—e4 (d3 etc.), ev. De7† etc.	D‡

33.

Sd6—b7 Ta5×a6	Dg6—d6 Ta6×d6	Ta7—a4‡
	~	Dd6—b4, c5, f4‡
Kd4—c4	Dg6—b6 ~	D od. S‡
Kd4—e4	f5—f6† ~	Dg6—d3, g2, g4‡
e3—e2	Dg6—g3 ~	Dg3—d3 od. f4‡
~	f5—f6 ev. Dg6—d6	D‡

34.

De7—a3 e6 (g6)×f5	Da3—a1 Kf4—e3 od. ~	Lb2×c1‡

1.	2.	3.
	Lb2—c1†	Da3—c5‡
Sb7—d6 (c5)	Kf4—e5 (ev. Da3×c5 etc.)	
	Da3—a1 wie oben (bez. Lb2—c1‡)	
~		

35.

1.	2.	3.
Dg3—g4	Ld1—f3	Te4—b4‡
Kd5—c6	Kc6×b7, b6, b5, d5 od. ~	
	f4—f5†	Dg4—f4 od. Ld1—f3‡
Kd5×e4	K~	
	Ld1—f3	Te4—b4‡
Ld8—a5, c7, e7 a6—a5, d3×c2	~	
	Te4—b4	Ld1—f3 od. Dg4—d7‡
Ld8—b6, ×f6 d3—d2	~	
	Dg4—d7†	Dd7×d3‡
Sc1—b3, e2	Kd5×e4	
	Ld1—f3 auch	
Sc1—a2	Dg4—d7† etc.	

36.

1.	2.	3.
Dd5—a8	Da8—a7	Tc5—f5 (od. ~)‡
Tg6×g3	Ke3×f2 od. ~	
	Tc5—e5	Da8×e4 (a7)‡
Te1×f1	Tf1×f2 od. ~	
	Da8—a7	T‡
~	~	

Auf indifferente Zuge von Schwarz ist eine Zugumstellung (2. Tc5—d5, e5 od. f5; 3. Da8—a7‡) möglich

37.

1.	2.	3.
Sa5—b7	Sb7—c5	Sg8—e7 (f6)‡
Sg7—h5 Le8—c6	~	

1.	2.	3.
Kd5—c6	Sg8—f6 ~	Sb7—a5 (d8)‡
Kd5—e6	Sb7—c5† Ke6—f7, f5	Sg8—h6‡
	Ke6—d5	Sg8—e7‡
Kd5—e4	Sb7—c5† K~	Sg8—e7 od. h6‡
Le8—d7	Sg8—e7† Kd5—e4	Sb7—c5‡
	Kd5—e6	Sb7—d8‡
Le8—f7 Sh8—f7	Sg8—e7† K~	Sb7—c5‡
Sg7—e6	Sg8—f6† Kd5—c6	Sb7—a5‡
Sg7—f5	Sg8—f6† K~	Sb7—d8 (a5)‡

38.

Ta3—a4 c4×b3 c4—c3	Dc7—c3 d4×c3	b4—b5‡
	~	Dc3—f3, c4 (b4—b5)‡
Sh5—f4	Dc7—e5† f6×e5	Sf7—g5‡
Sh5—g7 (g3)	Dc7—g3 Sg7×e6 od. ~	Dg3—f3 (e3, g4)‡
Ta7—a8 b7~	Dc7×b7 (c6)† Ke4—f4	Df3‡

39.

1.	2.	3.
Da5—c3 Se1×g2	Sf4—d3 Sf3×h2	Sd3—f2‡
	— c4×d3	Dc3—c8‡
	— Kg4—h3, f5 od. ~	Sd3—f2‡
— g6—g5	Sf7—e5† Sf3×e5	h2—h3‡
— Se1—c2	Dc3×f3† Kg4—f5	Sf4×h5‡
— Se1—d3	Sf4×d3 —	wie oben
— Sf3×h2, g1	Lg3×e1 (h2—h3†) ~	Dc3—g3, f3, ev. g2×h3‡

40.

1.	2.	3.
Ta7—a4 Sc4—a5	Dc1—c3 d4×c3	b4×a5‡
	— ~	Dc3—d3, f3‡
— Sc4—b6, e3, b2, d2	Dc1—c6† ~	Dc6—e6, d5‡
— La2—b1	Dc1×b1† d4—d3	Db1×d3‡
— b3—b2	Dc1—c2† etc. —	
— d6—d5	Sc7—e6 Ke4—f5 od. ~	Dc1×f4, Se6—c5‡
— f4—f3	Sg4—f2† Ke4—e5	Dc1—g5‡

41.

1.	2.	3.
Db8—d6	Sf1—e3	Tg8—e8‡
e7×d6	Ke4×e3, e5 od. ~	
	Sf1—e3	Dd6—e7, f4, d3 od.
c4—c3	~	Tg8—e8‡
	Sf1—e3	D‡
Ke4—f5	Kf5—e4	
	Se2—c3†	Sf1—e3‡
Sa4~	Ke4—f5	
	Sf1—d2†	Dd6—e5 od. f4‡
e7—e6	K~	
	Sf1—d2†	Dd6—d7 od. e5‡
e7—e5	K~	

42.

1.	2.	3.	4.
Db1—h1	Tf6—d6†	Lg7×e5†	Dh1—h8‡
Sh3—f4	Sc4×d6	Kd4×e5	
		Td6×d5†	‡
	Sf4—d5†		
	Sc7×b5† auch Sg3—e2† nebst ‡ in 2 Zügen		
Dg2×h1			
	Dh1—d1†	Sc7×b5†	Dd1—e2
Le3—f2	Sc4—d2	~	Tf6—d6‡
	Sc7×b5†	Dh1—e1†	De1×e2‡
Le3—c1 (g5, h6)	Kd4—e3	Dg2—e2	
		Dh1×g2†	Dg2×e4‡
	Kd4—d5	e5—e4	
	Dh1×g2	Dg2—f3	D od. S‡
Le3—g1, d2, f4	Sh3—f2	~	
		Sc7—e6†	Dg2—e2, e4‡
	Lc8—f5, b7	~	
	Dh1×g2 nebst ‡ in 2 Zügen		
Lc8—g4 Sh3—g1, g5			
	Mat in 2 Zügen durch Sg3—e2† od. 2. Dh1×g2 etc.		
~			

43.

1.	2.	3.	4.
Dg8—e6 Lh1×e4	De6—d6† Lc7×d6	Sd8—e6† ~	Sd7—b6‡
	— L od. Sd5	Sd8—e6† ~	D od. S‡
— Kd4×e4	De6—c4† Sa3×c4	Sd7—f6† ~	Sd8—e6‡
— Sa3—b5	De6—d6† Sb5×d6	Sd8—e6† ~	Sd7—f6 od. e5‡
	— Lc7×d6	Sd8—e6† ~	Sd7—b6 od. f6‡
	— Kd4×e4	Sd7—f6† Ke4—f4	Sd8—e6‡
	— Sb4—d5	Sd8—e6† ~	D od. S‡
— g6—g5	Sd8×c6† Kd4×e4	Sd7—c5† Ke4—f4	De6—f5‡
— g3—g2	Lg4—f3 g6—g5	Sd8×c6† Sb4×c6	De6—d5‡
	— Sb4—d5	Sd8×c6† Kd4—c4	De6×d5‡
	— Lc7×d8	De6×e5 (d6)† Kd4—c4	D‡
— Sb4—d5	De6×c6 Kd4×e4	Sd7—f6† ~	Sd8—e6‡
	— Sd5—f4	Se6 auch Dc5† etc.	
	De6—d6† etc. nebst ‡ in 2 Zügen wie oben		
— ~ ausg. Sa3—c4 (b1)? Lc7×d8 (b6)?			

44.

1.	2.	3.	4.
Tf2—f7 Ke5—d6	Dc4—d5† Sc7×d5	Sb6—c4† Kd6—c6	Ld1—a4‡

1.	2.	3.	4.
— / La1—d4	Dc4—d5† / Sc7×d5	Sb6—c4† / Ke5—e4	Ld1—c2‡
— / Se6—d4 (f4)	Sb6—d7† / Ke5—d6	Dc4×c5† / Kd6—e6	Tf7—e7‡
	— / Ke5—e4	Ld1—c2† / Ke4—e3	Dc4—d3‡
— / Se6~	Dc4×c5† / ~	Dc5—e7, d5 od. Ld1—c2‡	
— / ~	Ld1—f3 / Ld4	Dc4—d5† / Sc7×d5	Sb6—c4‡
	— / Se6—d4, g5	Dc4×c5† / ~	Dc5—e7 (d5)‡
	— / Ke5—d6	Sb6—c8† / Kd6—e5	Dc4—e4‡
	— / ~	Dc4—e4 (ev. ×c5)† / Ke5—d6	S‡

45.

Da4—a7 / Sc7—e8 (d5)	Td3—d5† / e6×d5	Sf4—d3† / e4×d3	Da7—e3‡
		— / Ke5—e6	Da7—f7‡
— / g4—g3	h2×g3 / Sc7—e8	Da7—b6 / ~	Db6—b2, d4, d6, e3, e6‡
	— / Ld6~	Da7×c7†	Dc7×d6‡
— / Sb3—c5 (d4 etc.)	Da7—a1 (d4)† / Ke5×f4	Da1—c1 (e3, f2)† / ~	Dc1—g5 (e3, g3)‡

Die übrigen Varianten führen das ‡ im 3. Zuge herbei.

46.

Te8—d8 / Kf7—e6	Sf6—e8 / Td1×d8	Se8—c7† / Ke6—d7	e5—e6‡
	— / Td1—d7	e2—e4 / ~	Df4—f5‡

1.	2.	3.	4.
Td1×d8	Sf6—d7† Kf7—e8	Df4—g4 Td8×d7 od.~	Dg4—g8, g6, e6‡
	Kf7—e6	Df4—g4† Ke6—d5, f7	c2—c4, Dg6‡
	Kf7—g8	Df4—g5, 4, 3† ~	D‡
Td1—d6	Sf6—d7† Td6—f6	Df4—g4 ~	D‡
	Kf7—e6	Df4—g4† auch e2—e4 etc.	
Lc8—f5	Sf6—d5 Td1—f1, e7—e6	Df4—g5 ~	Dg5×e7, f6, g8‡
	Kf7—e6	Sd5—c7† auch e2—e4 etc.	
~	Sf6~†	D od. S‡	

47.

1.	2.	3.	4.
Dg8—f8 Kd4×e4	Sc1×d3 f3—f2	Df8×f5† Ke4×f5, d4	Sf1—g3, T od. D‡
	Lh5—f7 od.~	Sf1—g3† Ke4—d4	D od. T‡
d5×e4	Sf1—e3 Lh5—g6, g4	Df8—c5† Kd4×c5	Sc1—b3‡
	Lh5—f7	Df8×g7† Kd4—c5	b2—b4‡
	Kd4—e5	Df8×f5† Ke5—d4	T od. S‡
	Td7—e7 od.~	Sc1—b3† Kd4—e5	Df8×f5‡
Td7—d6	Df8×d6 Kd4×e4	nebst ‡ in 2 Zügen durch Sg3† auch Tb4† etc.	
f5×e4	Mat in 3 Zügen durch Sf1—e3 auch Sc1×d3 etc.		
Td7—e7	„ „ „ „ „ Df8×e7 „ Tb6—b4† etc.		

1.	2.	3.	4.
— / Kd4—e5	Mat in 3 Zügen durch Sc1×d3† auch Df8×f5† etc.		
— / Sc7—e6 od.~	Tb6—b4(Df8—b4)† / Kd4—e5	Sc1×d3‡	

48.

1.	2.	3.	4.
Kg7×g6 / Tf1×c1	Kg6—h5 / Sg5×f3	Dh6—f4† / Ke5×f4	Sf8—g6‡
	— / Sg5—e6	Sd6—f7† / Ke5—e4	Dh6×e3‡
— / Ke5×d6	Kg6—f5† / Kd6—c5	Dh6—d6† / ~	Lc1—a3 Dd6—b4‡
	— / Kd6—e7	Sf8—g6† / ~	Dh6—f8 Lc1—a3‡
— / Tf1×f3	Dh6—g7(h8)† / Ke5—f4	Kg6—h5 / ~	Df6 od. Sg6‡
— / Tc7, Lc6~	Sd6—f7† / Ke5—e4	Tf3×e3† / Ke4—f4	Dh6×h4‡
— / d5—d4	Dh6—g7† / Ke5×d6	Lc1—a3† / Kd6—d5	Dg7×d4‡
— / ~	Mat in 2 Zügen durch Dg7, De3 od. Sf7† etc.		

49.

1.	2.	3.	4.
Ld6—b8 / Sg5—e4	Ld1—f3 / Kd5—c5	Dh2—d6† / Se4×d6	Lb8—a7‡
	— / Kd5—c6	Dh2—c7† / Kc6—d5	Dc7—d6‡
	— / Kd5—d4	Dh2—e5† / Kd4—d3	De5—d5‡
— / f7—f6	Dh2—d6† / Kd5—e4	Kb3—c2 / ~	Dd6—d3, d5‡
— / e3—e2	Dh2—d6† / Kd5—e4	Ld1—c2† / ~	Dd6—f4, g3‡
— / Kd5—c6	Dh2—d6† / Kc6—b7	Dd6—c7† / K~	Dc7—a7‡

1.	2.	3.	4.
—— ~	Dh2—d6† Kd5—e4	Dd6—e5† ev. Kb3—c2 od. Ld1—e2 etc.	

(ev. Ld1—f3†, Da2—e5†, 3‡)

50.

Da8—b8 La1×h8	Db8—c7 Tg8—g7	Dc7—e5† Sc6×e5	Sd3×b4‡
	—— Tg8—g6	Dc7—f7† etc.	
	—— Tg8—f8	Dc7—d7† etc.	
—— Tg8×h8	c2—c4† b4×c3	Db8—e5† Sc6×e5	Sd3×b4‡
—— Tg8—e8	Db8—c7 Te8—e7	Dc7—a5† Sc6×a5	Sd3×b4‡
—— La1—f6	Db8—f4 g5×f4	Lh8×f6 ~	Sd3×f4, b4‡
	—— Lf6—d4	Df4×d4 auch e3—e4† etc.	
—— La1—c3, d4	Db8—c7 Tg8—g7	Lh8×g7 ~	Dc7—f7, d6, c5, c4, Sb4‡
—— ~	c2—c4† ev. Db8—c7 nebst ‡ in 2 Zügen		

51.

Db6—c5 Db8—a7	La1×b2 Da7×c5	Sd4×f3† Ke5—d6, e4	Lb2—e5 Sf3—g5‡
	—— Ke5—e4	c2×d3† K~	Dc5—c2 od. S‡
	—— Sg1—h3 d3×c2	Sd4—f5 (ev. Sc6)† Ke5—e4	Sf5—d6 Dc5×c2‡
	—— Sg1—e2 od. ~	Sd4×f3 (ev. Sf5)† Ke5—e4	Sf3—g5 (d6)‡
—— b2×a1D (T, L)	Sd4—f5 e6×f5	c2—c4 Db8—d6	Dc5—e3‡

1.	2.	3.	4.
			Dc5—e7 ‡
		Da1—d4	
			Dc5 × d5, e7, e3 ‡
		K ~	
		Dc5—d6†	Dd6—f4 ‡
	Db8—a7	Ke5—e4	
	Dc5—b4	Sd4—c6 (f3)†	Db4—f4 (d4) ‡
b2 × a1 S	~	~	
	c2 × d3†	Dc5—c2†	La1 × b2 ‡
Ke5—e4	Ke4 × d3	Kd3 × d4	
		Sd4—c6† od. La1 × b2 etc.	
	Ke4—e5		
	Sd4—c6†	La1 × b2†	D ‡
Db8—c7 od. ~	~		

ev. auch La1 × b2 od. Dc5—b4 etc.

52.

Tf4—f2	Dg4—f4	Df4 × e3†	Lc7—b6 ‡
Lg6—e4	Kc5 × d4	Kd4 × e3	
			Lc7 × a5
		K ~	d6—d7 ‡
		Sd4 × S	D ‡
	Sg1—e2, f3	~	
		Sd4 × e6†	Df4 × e3 ‡
	~ .	f7 × e6	
	Dg4—f4	Df4 × e3	Sd4—c6, e6, f5 ‡
Th8—c8, b7—b6	Tc8 × c7	~	
	Dg4 × e6 nebst ‡ in 2 Zügen		
f6 × e5			
	Sd4 × e2, f3 „ „ „ „ „		
Sg1—e2, f3			
	Sd4 × e6†	Lc7—b6†	Dg4—d4 ‡
e3 × f2 od. ~	f7 × e6	Kc5 × b6	

ev. auch Dg4—f4 od. Dg4 × e6 etc.

53.

1.	2.	3.	4.
Tg2—g8 / Sf8×d7	De8—g6 / Kd4—c5	Dg6×c6† / Kc5×c6	Tg8—c8‡
		— / K~	Dc6—b5, d5‡
	— / Kd4—e4	Dg6—g3 / ~	Dg3—e3, f3‡
	— / ~	Dg6—g1†	Dg1—e3‡
— / Ta7—a6, a5	e2—e3† / Kd4—e4	De8—h5 / ~	Dh5—h1‡
	De8—h5	Dh5—f3† etc.	
— / Kd4—e4			
	De8×g6 od. e2—e3† etc. (Zugumstellung)		
— / Sf8—g6			
— / ~	e2—e3† / Kd4—e4	Sd7—c5, f6† / ~	De8×c6, h5 (Lc4—e2)‡

ev. 2. od. 3. De8—h5 etc. auch ev. 2. Sd7—f6 nebst 3. De8×c6 etc.

54.

1.	2.	3.	4.
Dg6—e8 / d5×c4	De8—c8 / Ke3×d4	Dc8—c5† / Kd4×c5	Le1—f2‡
	— / Sh2—f3	Sd4×f3 / ~	Dc8—c5‡
	— / ~	Sd4—c2, f5† od. Dc8—c5 etc.	
— / e6—e5	Sc3—d1† / Ke3—e4	Sd4—e6† / d5×c4 (d4)	De8—a8‡
— / Lb1—d3	De8—b8 / g7—g5, e6—e5	Db8—e5† / Ld3—e4	S‡
— / ~	Sc3—d1† / Ke3—e4	Sd4—f3† / ~	De8—a8 (Td4)‡

ev. auch 2. De8—b8 etc.

55.

1.	2.	3.	4.
Df3—f4 / Ke6×d5	Se5×f7 / Lg1—d4	Df4—e4† / Kd5×e4, f5×e4	Lb5—c6, Sh5—f4‡
	— / Kd5—e6	Df4—e5† / Ke6×f7	De5—e8‡
— / Lg1—e3	Df4×e3 / f5—f4	Se5—c4† / f4×e3, Kd5	Td5—e5, De5‡
	— / Ke6×d5	Se5×f7 / ~	D od. S‡
	— / ~	Se5—c4 (g6)† etc.	
— / Sb7—a5 (d8)	Lb5—d7† / Ke6×d5	Sh5—f6† / Kd5—d6	Se5—g6, c6‡
	— / Ke6—e7	Df4—h4† / ~	Dh4×f6, d8‡
— / Sb7—d6	Td5×d6† / Ke6×d6	Se5—g6† / ~	Df4—e5‡
	— / Ke6—e7	Se5—c6† / ~	Td6—d8‡
— / Lh3—g2	Se5—g6 / f7×g6	Df4—e5† / Ke6—f7	De5—e8‡
	— / f7—f6	Td5—d7 / ~	S od. D‡
— / c5—c4	Td5—d7 / Sb7—d6 (d8)	Se5—g6 / ~	D od. S‡
	— / ~	Sh5—g7† / Ke6—f6	Td7×f7‡
— / f7—f6	Td5—d7 / Sb7—d6	Sh5—g7† / Ke6—d5	Lb5—c6‡
— / Ke6—e7	Td5—d7† auch Se5—c6† od. Df4—h4† etc.		
— / ~	Df4×h6† / Ke6×d5	Lb5—c6† / ~	Dh6—f6, f4‡

1.	2.	3.	4.
	— / f7—f6	Sh5—f4✝ auch Lb5—c6 etc.	
	— / Ke6—e7	Td5—d7✝ auch Se5—c6✝ etc.	

56.

1.	2.	3.	4.
d2—d4 / Kd6—d5	Te2—d2 / Kd5—e4	Dh3—f3✝ / Ke4×f3	Ld7—c6‡
	— / Kd5—c4	Dh3×b3✝ / Kc4×b3	Ld7—e6‡
	— / Kd5—d6	Dh3×b3 / ~	Db3—e6‡
	— / Ta4—a5, Lh5×g6 Sg8—f6, e7—e5	Dh3×b3✝ / Kd5—e4, d6	f2—f3, De6‡
	— / Ta4—a3, f4—f3	Dh3—f3✝ / Kd5—c4, d6	Df3—c6‡
	— / Sg4—e5	Dh3—e6✝ / Kd5—e4	Ld7—c6‡
— / Sg8—h6	Dh3×b3 / Sh6—f7✝	Db3×f7 / ~	Df7—e6‡
— / Ta4—a3, f4—f3	Dh3×h5 / e7—e5	Te2×e5 / ~	D od. T‡
— / Ta4—a5, Lh5×g6, e7—e5	Dh3×b3 nebst ‡ in 2 Zügen auf 2 Arten		
— / ~	Dh3×b3	‡	

57.

1.	2.	3.	4.
Dd1—e1 / g4—g3	Sd2—e4 / Th4×e4	De1×a5✝ / Kd5×d6, d4	Da5—d8, d2‡
	— / Kd5×d4	Se4—c3 / ~	De1—d2‡
	— / ~	Se4×f6✝ / ~	De1—e5, d2‡
— / Sa8—c7	Ld6—c5 / f3—f2	De1—f1 / ~	Df1—c4‡

1.	2.	3.	4.
	—— g4—g3	De1—e7 ~	De7—d6, e6‡
—— Kd5×d6	De1—e6† Kd6—c7	De6—c8† K~	Dc8—b8, d8‡
—— Lh1—g2 f3—f2 (Th6—h7, h8)	De1—e6† Kd5×d4	De6—c4† Kd4—e3	Ld6—c5 (f4)‡
—— Kd5×d4	De1—e4† nebst De4—c4‡		
—— ~	Ld6—c5 ~	De1—e4, e6‡	

58.

Dh5—f7 Kd5×c6	Lg4—f3 Se6×d4	Df7—b7† Kc6×b7	Se4—c5‡
	—— g2—g1S, Lb5—c4 Sg8—e7 Se6—c7 (f4)	Se4—c5 (b3, d6)†	Df7—b7, f3 od. Lf3×d5‡
—— g2—g1D	Df7—d7† Kd5×e4	Dd7—d5† Ke4×d5	Lg4—f3‡
—— g2—g1S	Se4—c5 Sg8—f6	Lg4×e6† ~	Df7—b7 od. e6‡
	—— b6×c5 od. ~	Lg4—f3 (Df3)†	Df7×f3 (Lf3)‡
—— Tc8×c6 Tc8 (e8)—d8 Lb5~ Sg8—e7	Se4—c5 (ev. auch Lg4—f3 od. Df7—d7†) etc.		
—— Tc8—c7, e8—e7 od. ~	Lg4—f3	S‡	

59.

Dh4—e1 Lb8×c7	Sc4—d6 Kd4—e5 od. c5	d3—d4† Ke5×f6, f4	De1—h4, g3‡

1.	2.	3.	4.
			De1—b4, c3‡
		Ke5 (c5) × d6, d4	
	a2—a4	b2—b4 (†)	De1—a1‡
Kd4—c5	Lb8 × c7 od. ~		
	Tc7 × c6 (ev.	De1—c3 (ev.	
d7~, b6—b5	De1—c3†)	b2—b4)‡	
	b2—b4	De1—a1‡	
Lb8—a7	~		

60.

1.	2.	3.	4.
Tg5—e5	Dg3—e1	Se4—f6†	De1—e4, e7, c3‡
Kc4—d4	Kd4 × e5	K~	
		De1—d2† auch	
	Kd4—d3	Sd5—b4† etc.	
	Dg3—e1	Sd5 × b4	Se4—d6
b6—b5	b5—b4	La7—d4 od. ~	De1—c3‡
		Sd5—b6†	De1—c3, d2‡
	b5 × a4	~	
	Dg3 × f3	Df3—b3†	Te5—d5 (Db5)‡
c6 × d5	d5 × e4 (Kb4)	Kc4—d4 (a5)	
	Dg3—f2 etc.		
Kc4—d3			
	Dg3 × f3	Kh1 × g2	D‡
Lc8—h3	Lh3—g2†	Df3 × g3 (e3)	
Sg7—f5	Sf5—g3†, e3		
	Dg3—e1 auch f2 (ev. Dg3 × f3 etc.) nebst ‡ in 2 Zügen		
Lc8—f5, g4			
	Dg3 × f3	Df3—c3‡	
~	~		

61.

1.	2.	3.	4.
Te5—e6	Sc4—e5	f3—f4†	Da3—f8, g3, b4‡
Tf6 × e6	Kd4 × e5	Ke5—f6, f4, d4	
		f3—f4	Da3—b4, d3, e3‡
	Sh4—g2 (f5)	~	

1.	2.	3.	4.
	Sc4—b6	Da3—b4†	Sb6—d7‡
Sh4×f3, g6	Tf6×e6	Kd4—e5	
	Lc2—d3†	Ka2—b2 auch	D‡
Kd4×c4	Kc4—d4	Te6—e3	
	Sc4—b6 auch Sc4—e5 nebst ‡ in 2 Zügen		
Sh4—g2, f5			
	Da3—e3†	De3—e5‡	
d5×c4	Kd4—d5		
	Sc4—e5, e3 ev.	D‡	
~	Sc4~		

62.

Lg1—b6	Db4—d4	Dd4×f6†	Lb6—d8‡
c7×d6	Kg4—g5	Kg5×f6	
			Sd3—f2‡
		Kg5—g4	
	Db4—c5 (†)	Dc5×f5†	Df5—h5‡
Kg4—g5			
Lc8—f5			
	Db4—d4	Dd4×f6†	Sd3—f2‡
Ta8—a5, c7×b6	Kg4—g5	Kg5—g4	
	Db4—c5 ev. d4	Dc5—g1, h5, f5‡	
~			

63.

De7—d8	Dd8—a8	Da8—d5†	Tc2—d2, c3‡
Lb8—c7	Kd3—d4	Kd4×d5, e3	
		Da8×f3†	Tc2—c3, d2‡
	Kd3—e3	Ke3×f3, d4	
		Da8×f3†	Tc2—c4, d2‡
	La5, Sb6, e6, f6, c5—c4	Kd3—d4	
		Da8—d5†	D auch T‡
	e5—e4		
		Da8—d5 auch f3† etc.	
	~		

1.	2.	3.	4.
 Kd3—e4	Tc2—d2† Ke4—e3	Dd8—a5 ~	Da5—c3‡
 Kd3—d4	Dd8—a5 e5—e4	Da5—c3† Kd4—d5	Tc2—d2‡
	 c5—c4	Tc2×c4† K~	D‡
	 ~	Tc2—d2† auch Da5—d2† etc.	
 c5—c4, e5—e4	Dd8—a5 Sd7—c5	Tc2×c4† Kd3—e3	Da5—e1‡
	 Kd3—d4	Da5—c3† wie oben	
 ~	Dd8—a5 auch Tc2—c4† nebst ‡ in 2 Zügen		

64.

Da5—b5 g4—g3	Le8—d7 g3×h2	Db5—f5† Se7×f5	Ld7—c6‡
	 g3×f2, Ld1×c2	Db5×c4† ~	D od. S‡
	Se7—d5 Sf1—e3	Sb3—d2† Ke4—d4	D od. L‡
 Lb2—a1	Le8×f7 Ta2×c2	Db5—d5† Se7×d5	Lf7—g6‡
 Lb2—c3	Le8—d7 Sf1×h2	Db5—f5† Se7×f5	Ld7—c6‡
	 Sf1—e3	Sb3—d2† ~	L od. D‡
 Ld1—e2	Le8×f7 c4×b3	Db5×e2† ~	De2—d3, e5, e6‡
 Ld1×c2	Db5×c4† Ke4—f5	h3×g4† Kf5—f6	Dc4×f7‡
 Lb2—h8, g7, f6, f7—f6	Db5×c4† Ke4—f5	Le8—d7† (‡) Kf5—f6	Dc4—d4‡

1.	2.	3.	4.
		Dc4×d4†	D auch L‡
	Ld4	Ke4—f5	
	Le8—c6† auch Db5×c4 nebst ‡ in 2 Zügen		
Lb2—d4			
	Db5×c4†	Dc4×d5†	Dd5×f7‡
Se7—d5	Ke4—f5	Kf5—f6	
	Sh2×f1	S od. D‡	
Ld1—f3	~		
	Le8—d7 auch f7 nebst ‡ in 2 Zügen		
~			

65.

1.	2.	3.	4.
Da2—a5 Dc7—c6	Se3—c4 Dc6×c4	Da5—d5† Dc4×d5	Ld1—c2‡
			Ld1×f3
		Ke4×d5 od. d3	Dd5×f3‡
		Ld1—c2†	Sc4—e3‡
	Ld8×a5	Ke4—d5	
		Da5—c3†	Dc3×f3‡
	Ke4—d3	Kd3—e4	
		Sc4×d6†	D od. L‡
	Dc6—c5	~	
	Da5—d5†	Se3—c4	S od. D‡
Dc7—c8 Th7—g7, d6—d5 h5—h4	Ke4—d3	~	
	Kb1×c1	Da5×c7	L od. D‡
Dc7—c1†	Th7—c7†	~	
	Da5—d5†	Dd5×c4† auch	‡
Dc7—c4	Ke4—d3	Se3×c4	
	Da5—d2 (†)	L od. Dc2†	D od. Lc2‡
Ke4—d3, Th7—e7 Sa8—b6, Sg8—e7		Dc7×c2†	
	Da5—d2 auch Da5—d5† etc.		
~(ausg. Dc7-c5, c3?)			

66.

1.	2.	3.	4.
Sd3—c1 / Lb4—a5	Lh4—e7 / Ta6 × b6 od. ∼ Sg4—e5	De2—e3† / Kd4 × e3	Le7 × c5 ‡
		— / Sg4 × e3	Le7—f6 ‡
	— / La5—b4, c3	Le7—d6 / ∼	D od. L ‡
	— / Kd4—c3	De2—d3† / Kc3—b4	Dd3 × a3 ‡
	— / La5 × b6	De2 × d2† / Kd4—e5	Dd2—f4 ‡
	— / Sd2 ∼	De2—d3† / Kd4—e5	Dd3—e4 ‡
— / Ta6 × b6	Ld5—c6 / Sg4—e5	Lh4—f6 / ∼	D od. L ‡
	— / Tb6 × c6 od. ∼	De2—d3† / Kd4—e5	Dd3—d5 ‡
— / h7 × g6	Sc1—b3† / Sd2 × b3	Ka2 × b3 / ∼	D od. L ‡
— / ∼	Sc1—b3† ev. auch Ld5—c6 nebst ‡ in 2 Zügen		

67.

1.	2.	3.	4.
Dh5—h6 / La6 × b5	Sf5—d4 / Lb5—d3	Dh6—e6† / Ke5 × d4 (f4)	De6—f6 (e3) ‡
	— / Lb5—d7	Dh6—g7† / Ke5 × d6 (f4)	Dg7—g3 ‡
	— / c5 × d4	Kf8—g7 / ∼	Dh6—f6 ‡
	— / ∼	Dh6—e6† / K ∼	De6—e3 (f5) ‡
— / Sa7—c8	Kf8—g7 / Sc8 × d6	Sf5 × d6 / ∼	Dh6—f6 (Tb5 × c5) ‡
— / Sa7 × b5 od. ∼	Dh6—e3† / Ke5—f6 ev. auch Kf8—g7 etc.	Sf5—h4 / ∼	D od. S ‡

68.

1.	2.	3.	4.
Sd5—f4 Kd4×e4	Sf4—d3 Tg5—g6	Df8×f5† Ke4×f5 (d4)	Sf1—g3 od. D‡
	Ld8×e7	Df8×e7†	D‡
	f3—f2 od. ~	Df8—f7 Ke4—f3 od. ~	Df8—d5, f4 ‡
f5×e4	Df8—f5 Tg5×f5	c2—c3† Kd4—e5	Sf4—g6 ‡
b6—b5	Le7—c5† Kd4×e4 (e5)	Sf4—d3 (†)	Sf1—d2, g3 ‡
Kd4×e5	Sf4—d3 auch g6†	Df8—f7 (f5†) ~	D‡
Ld8×e7	Df8×e7 Ta8×g8	h7×g8 D od. L	c2—c3 od. D‡
a5—a4	Le7—f6† auch Sf4—d3 nebst ‡ in 2 Zügen		
g7—g6	Df8—f6† auch Df8—f7 nebst ‡ in 2 Zügen		
~	Df8—f7 f5×e4 od. ~	Le7×g5 (Dc4†, De6)	‡

69.

1.	2.	3.	4.
Sd4—b5 g3—g2	Se5—d7 La2—b3, c1 Lh2~ Sd8—c6, e6 B~	Dc2—c6† Kd5×c6 Sd8×c6 Kd5—e6	Sd7—b6 Le8—f7 Sb5—d4, c7‡
	Kd5—e6	Dc2×f5† Ke6×f5	Sb5—d4‡
	La2—c4	Dc2×f5† ~	‡
	Sb7~	Dc2—c5† Kd5—e6	Sb5—d4‡

1.	2.	3.	4.
— / b2—b1D od. L La2—b1, b3	Sb5—c7† / Kd5—d6	Le3—f4 / D(L)b1×c2 od. ~	Se5—d3 (f7)‡
	— / Kd5×e5	Dc2—c3† / Ke5—d6	Le3—f4‡
— / Sd8—e6	Dc2×f5 / Se6—d4, d8	Df5—e4† / ~	D od. S‡
— / Kd5—e6	Le8—d7† / Ke6×f6	Dc2×f5† / Kf6—e7	Le3—g5‡
	— / Ke6—d5	Dc2—d3† / Kd5×e5	D‡
— / Kd5×e5	Dc2—c3† / Ke5—e6, d5	Sb5—c7† / Ke6 (d5)—d6	Le3—f4‡
— / La2—c4	Dc2×c4† / Kd5×e5	Dc4—d4† / Ke5—e6	Sb5—c7‡
— / ~	Sb5—c7† ev. Se5—d7 etc.	Le3—f4	S od. D‡

70.

1.	2.	3.	4.
Dh4—e7 / Sh3×g1	Se4—f6 / Sc4—e5	d6—d7 / Kd4—e3 od. ~	De7—c5(e4)‡
	— / Sc4×d6	De7—e5† / Kd4×e5	Lb4—c3‡
	— / Sc4—d2	De7—e3† / Kd4×e3	Lb4—c5‡
— / Th6—h7 (h5) Sh3—f4	Se4—c3 / Th7×e7, e5 Se5 bez. e6	Sg1—f3† / Kd4—e3 (Sf3)	Lb4—c5 (D)‡
— / c7×d6	Lb4—c5† / d6×c5	De7×c5† / Kd4×e4	Lg4—f3‡
	— / Kd4—d5	De7×b7† / Kd5—e5	Sg1—f3‡
— / a7—a5	Sg1—e2† / Kd4—d5	Lg4—d7 / ~	D od. S‡
— / Sc4—e5 (d6)	Lb4—c3† / Kd4—e3	De7×e5 / c7—c5 od. ~	L od. D‡

1.	2.	3.	4.
		De7×e5, e6†	D od. d6—d7‡
	Kd4—d5		
	Lb4—c5(c3)† od.	De7—e6†	d6—d7‡
Sc4~	Sg1—e2†		
	Sg1—e2† auch Se4—f6, c3 nebst ‡ in 2 Zügen		
~			

71.

Lc5—e3	De1—f1	Df1—f5†	Le8—d7 od. D‡
b5×c4	Lc2×b3 (Kd6)	Ke6×f5 od. ~	
		Df1×c4†	Le8×f7 (D, L)‡
	Ke6—d5	Kd5×c4, d6	
	De1—c3	Dc3×e5†	De5—d4‡
Ke6—d5	L(T)×Tb3	Kd5×c4	
	De1—g3	Dg3—h3†	Dh3—d7‡
L od. T×b3	Lb3×c4	K~	
	b5×c4		
	De1—g3 auch b3 nebst ‡ in 2 Zügen		
~			

72.

Kb8—b7	Dh5—g5	Dg5—f4†	Sb2—d3‡
Se3—f5	Kd6×e5	Ke5×f4	
			Sb2—c4‡
		Dc1×f4	
		Te5×e6†	Dg5—f4, f6‡
	Dc1—f1	~	
		Dg5—f4, Dg5×c1 od. Te5×f5 etc.	
	~		
	Te5×e6†	Dh5×c5†	Ld8—e7‡
Dc1—f1	Lg8×e6	Kd6×c5	
		Dh5—e8†	De8—e7, e4‡
	Kd6×e6	K~	
	Te5—e4	Dh5×d5†	Ld8—e7‡
Se3—d5	Lg1—h2	e6×d5	
	Ld8—c7†	Dh5—g5†	Dg5—g7‡
Sa8×b6 (c7)	Kd6—e7	K~	

1.	2.	3.	4.
 Lg8—f7	Dh5×f7 nebst ‡ in 2 Zügen		
 ~ ausg. Dc1—a1, b1, d1, d2, e1, Se3~?	Dh5—g5, h4 ev. Te5—e4 (e3) nebst ‡ in 2 Zügen		

73.

Ld1—c2 a4—a3	De7—a7 Lh8×e5 d6×e5	Da7—f2† K~	Df2—f5, h4‡
	 Kf4×e5	Da7—e3† Ke5—f6	Le1—h4‡
	 Kf4—f3	Da7—f2† Kf3—g4	Df2—f5‡
	 Kf4—g4, g5	Da7—g1† ~	Dg1—g6 od. g3‡
	 Lh8—f6	Da7—f2† Kf4×e5, g4, g5	Df2—e3, f5, h4‡
	 Lh8—g7	Da7×g7 ~	Dg7—g3‡
	 d5—d4	Da7×d4† Kf4—f3, g5	Dd4—e4, h4‡
 Kf4—f3	De7—g5 Lh8×e5	Kd2—d3 ~	Lc2—d1 (Dg3)‡
 Kf4×e5	Le1—g3† Ke5—d4	De7—c7 ~	Dc7—c3‡
 Lh8×e5	De7—h4† Kf4—f3	Dh4—h3† ~	Dh3—g3‡
 d5—d4	De7—f7 (f8)† Kf4—g5	Df7—f5 (g6)† K~	D‡
	 Lh8—f6	D×f6† Kf4—g4	Df6—f5‡

74.

1.	2.	3.	4.
Td3—d5 / Kb4×c4	Dg8—h8 / Kc4×d5	e2—e4† / Kd5—e6	Dh8—e8‡
		— / Kd5—c6	Dh8—c8‡
		— / Kd5—c5 (c4)	Dh8—c3‡
— / Tb6—b7	Dg8—d8 / Tb7—c7	Dd8×c7 / b5×c4	D‡
	— / Tb7—b8 (b6)	Dd8×b8 (b6) / ~	D‡
	— / Tb7—d7	Dd8×d7 / ~	D‡
	— / Tb7—a7 (e7 etc.)	Dd8×d6† / ~	D od. T‡
	— / Kb4×c4	Dd8×d6 / ~	T od. D‡
— / Kb4—a5	Dg8—d8 / Ka5—b4	Dd8×b6 / Kb4×c4	D od. T‡

75.

1.	2.	3.	4.
Dg1—c1 / Ke4—d4	Sf7—g5 / Ta6—b6	Dc1—c5† / Kd4×c5	Sg5—e6‡
	— / Ta6—a7, 8	Sg5—e6† / Kd4—e4	Dc1×c6‡
	— / Tb4×a4	Dc1—b2† / Kd4—c5	Sg5—e6‡
	— / c6—c5	Dc1—a1† / Tb4—b2	Da1×b2‡
	— / d3—d2	Dc1—c2 / ~	S od. D‡
	— / f3—f2	Sg5—e6† / Kd4—e4	Dc1—h1‡
— / Ke4×f4	Dc1—c5 / Tb4—e4	Se3—g2† / f3×g2	Dc5—f2‡

1.	2.	3.	4.
	… / f3—f2	Se3—g2† / Kf4—f3, e4	Dc5—e3 Sf7—g5‡
… / Tb4—d4	Kh3—g3 / Td4—b4, a4 d3—d2	Dc1—c3 / ~	D od. S‡
	… / Td4—d5, 6 etc.	Dc1—c4† / Td4	Sf7—g5‡
… / d3—d2	Dc1×d2 / Ke4×f4	Se3—f1 (c4)†	S‡
	… / Tb4—b2, b3, d4 f3—f2 od. ~	Sf7—g5 (d6)†	D od. S‡
… / Ta6—b6	Sf7—g5† / Ke4—d4	Dc1—c5† wie oben	
	… / Ke4×f4	Se3—c4 (g4)† / d3—d2	Dc1×d2‡
… / Ta6—a7, 8	Sf7—g5† nebst Sg5—e6† od. Se3—c4† wie oben		
… / Tb4×a4	Sf7—g5† „ Dc1—b2† „ Se3—c4† „ „		
… / c6—c5	Sf7—g5† „ Dc1—a1† „ Se3—c4† „ „		
… / f3—f2	Sf7—g5† „ Sg5—e6† „ Se3—c4† „ „		

76.

1.	2.	3.	4.
Tc1—c3 / c7—c6	Tc3—b3 / Lb8—e5	De4—d4† / Kc5×d4	Sg5—e6‡
		… / Le5×d4	Sg5—e4‡
	… / Lb8—c7	Sf6—d7† / Kc5—d6	De4—e6‡
	… / Lb8—f4 (a7)	De4×f4 (Se8, f7) / ~	S od. D‡
	… / Sb2~	De4—d3	S‡

1.	2.	3.	4.
	 Kc5—d6	De4—d4† K∼	Dd4—d7‡
 Kc5—b6, b5, b4	Tc3—b3† Kb5(b6)—a6	De4—b7† Ka6—a5	Db7—b5‡
	 Kb4(b5)—a5	De4—a8† Lb8—a7	Da8×a7‡
	 Kb4(b5)—a4	De4—c6 auch b7 etc.	
 Lb8—a7	De4—d5† Kc5—b6, b4	Tc3—b3† Ka6 od. a4	Dd5—b5‡
 Sb2—d3 (a4, d1)	Tc3×c4† K∼ (ev. auch D×c4†)	De4—c6† Ka5 od. a7	Tc4—a4‡
 Kc5—d6	De4—d5† Kd6—e7	Dd5—d7‡	

77.

Sd3—c5 Kd4×c5	Tb3×b4 Kc5×b4	Le4—d5 ∼	Da2—a5, b3, c4, d2‡
 Df8×c5	Da2×d2† Kd4×e4	Dd2—d3† Ke4—f4	Dd3—f3‡
 Df8—d6	Da2—c2 Dd6—a6	Sc5×a6 ∼	D od. T‡
 ∼	Tb3—d3 od. c3† auch Da2—c2, 3. ‡		

78.

Kg2—g3 Td4—e4	Db3—d3 Te4—d4	Sc4—e3 Td4×d3 od. ∼	Sc7×e6, a6‡
	 Te4—e3†	Sc4×e3 auch d2×e3	D od. S‡
 Td4×c4	Kg3—h2 g4—g3†	Kh2—g2 ∼	Db3—e3 Sc7×e6‡
 Td4—f4	Kg3×f4 ∼	Sc4—b2 (e3, d6)	D od. S‡

1.	2.	3.	4.
/ Td4×d2	Sc4×d2 / Kc5—d4	Kg3—f4 / ~	D od. S‡
/ Td4—d6, d7, d8	Sc4—e3 od. a3, b2 / Kc5—d4 od. Td3†	Db3—c4† od. Db3×d3	D od. S‡

79.

Sf2—g4 / Le5—c7	Sc8—d6 / Td7×d6	Sg4—h2 / Kd4—e5 od. ~	Sh2—f3‡
	/ Lc7×d6	Lg5—d2 / ~	Ld2—c3‡
/ Le5—g3	Lg5—d2 / Lg3—e1	Ld2×e1 / ~	Le1—c3‡
/ Le5—f4	Lg5×f4 / Td7—d5, e7	Lf4—d2 Sc8×e7	L od. S‡
/ ~	Lg5—d2	Ld2—c3‡	

80.

Db2—b8 / Lg7×h6	Db8—b4 / Kg5×f5	f2—f3 / ~	Db4—c5, e4, f4, g4‡
	/ L~	Db4—f4 auch g4† etc.	
/ e3×f2	Db8—e8 / f2—f1D od. L†	K×f1 / ~	De8—g6‡
/ ~	Db8—e8 (†)	De8—g6‡	

81.

Kd3—e2 / c5—c4 b7~	Df1—b1 / g6—g5 od. ~	Db1—g6 (†) / g5×f4 od. ~	Ld6—e5‡
/ g6—g5	Sf4—h5 / ~	Df1—f6, f7(†)	Dg7‡
/ K~	Df1—b1 / ~	Db1—g6 (†)	Ld6—e5‡

82.

1.	2.	3.	4.
Ta4—a8 De8—f7	Ta8—f8 Df7×f8	Ld3—e4 Lg4~	Sg3—h5 Sf2—d3‡
	g7—g6	Ld3×g6 ~	S‡
	Lg4—f5	Ld3×f5 ~	S‡
	~	Tf8×f7† od. Ld3—e4 etc.	
De8×a8	Ld3—b5 Lg4—c8	h7—h8S Lc8—f5 od. ~	Sg3—h5 Sh8—g6‡
	Lg4—e6	Sg3—h5† Kf4—f5	Lb5—d3‡
	Lg4—h5 od. d7	Lb5—d7 ~	S‡
Lg4—c8	Ta8×c8 De8—f7	Tc8—f8 ~	T od. S‡
	~	Tc8—f8† od. Tc8×e8	T od. S ev. Ld4—e3‡
La3—c5 Lg4—f5 d6—d5	Ta8×e8 nebst ‡ in 2 Zügen durch 3. h7—h8S, Sf2×d3† od. Te8×e7 etc.		
~	Ta8×e8, Ta8—f8† od. Ld3—e4 nebst ‡ in 2 Zügen		

83.

1.	2.	3.	4.
Se5—g6 c6×b5	Sd4—c6 Lb7×c6 d7×c6	Dh8—h7 Kd5×e4	Dh7—h1‡
		Sc3×e4	Dh7—g8‡
		Lc6—b7, a8 od. ~	Sg6—e7, f4‡
	Sc3×e4	Dh8—g8† Kd5×c6	Sg6—e7‡

1.	2.	3.	4.
	~	Sc6—e7, b4† Kd5×e4	Dh8—h1‡
Sc3×b5	Sd4—b3 c6—c5	Dh8—g8† Kd5×e4 (c6)	Sb3—d2 (Sg6—e7)‡
	Sb2—c4	Dh8—h7 auch h1 etc.	
Lc7—d8 Lb7—c8	Dh8—g8† Kd5×e4	Lb5—f1 ~	Lf1—g2‡
	Kd5—c5	Sd4—b3† Kc5×b5	Te4—b4‡
Sc3×e4	c2—c4† Sb2×c4	Dh8—g8† Kd5—c5	Dg8×c4‡
Kd5—c5 od. ~	Sd4—b3 (†) ev. auch Sd4×c6 od. Dh8—g8† nebst ‡ in 2 Zügen		

84.

1.	2.	3.	4.
b2—b3 Kd4—c5	Dd1—a1 Sh8—g6	Da1—g7 ~	Dg7—a7, d4, g1‡
	Sf7~	Da1—e5† Kc5—b6	De5—d4‡
Sh8—g6	Dd1—a1† Kd4—c5	Da1—g7 etc.	
Sf7~	Dd1—a1† Kd4—c5	Da1—e5† etc.	
Kd4—e5	Dd1—a1† ~	Da1—f6‡	

85.

1.	2.	3.	4.
Kc1—d1 Lh1—g2	Tc3—e3 Kd4×e3	Db8—b4 c5×b4 od. ~	Lc7—b6 Db4—e1, d2, c3‡
	Kd4×c4	Te3—e4† Kc4×d5	Db8—b7 (a8)‡
Th6~	Tc3—d3† Kd4×c4	Db8—b6 (7) ~	Da6‡

1.	2.	3.	4.
 Sg7—f5, h5, e8	Db8—e8 Sg6—e5, Lh8—e5 Sf5—e7, Sg6—e7	Tc3—d3† ~	De8×a4, e4‡
 Sg7—e6	d5×e6 Lh8—f6	Db8—a8 (b7) ~	D‡
	 ~	Db8—d8† ~	D‡
 a6—a5	Db8—b5 Sg6—e5	Tc3—e3 ~	Db5×c5 Te3—e4, d3‡
	 Sg6—f4	Lc7×f4 g3×f4 ~	Tc3—d3‡

86.

1.	2.	3.	4.	5.
Tc5—c7 f7×e6	Tf8×f5 e6×f5	Dg3×e5† Ke4×e5	Tc7—e7† K~	Le1—b4, h4‡
 Lb8—a7	Se6—d4 La7×d4	Tc7—e7 Ke4×e3	Te7×e5† Ld4×e5	Dg3×e5‡
	 Lc4—e2	Dg3—f4† e5×f4	Tc7—e7‡	
 b7—b6	Se6—g5† h6×g5	Dg3×e5† Ke4×e5	Tc7—e7† K~	Tf8×f7 Le1—b4‡
 Lb8×c7, f7-f6 (Lc4—d3)	Se6—c5† Ke4×e3	Dg3—g1† Ke3—e2	Dg1—f2† Ke2—d1	Df2—d2‡
 d5—d4	Se6—c5† Ke4—d5	Dg3×f3† Kd5—d6	Sc5×b7† ~	Df3—c6‡
		 e5—e4	Df3×f5† Kd5—d6	‡

Se6—c5† auch c2×d3† nebst ‡ in 3 Zügen

1.	2.	3.
 Lc4—d3		
 f5—f4 od. ~	Se6—c5† Ke4×e3, f5	Dg3—f2, e5 Tf8×f7‡

87.

1.	2.	3.	4.	5.
Db1—e1 Tb3—e3	De1—h4 Sb2—d3	Tg5—e5† Ke6×e5	Dh4—f6† K~	Sd5, e4—c3‡
		— Sd3×e5	Sd5—f4† Ke6—f5	Se4—d6‡
	— Te3—f3	Dh4—h2 Tf3—f4, g3	D×T ~	D od. S‡
	— Te3×e4	Dh4×e4† Ke6—d6	De4—e5† Kd6—c6	Sd5—e7‡
	— d7—d6	Dh4—f4 Ke6—d7	Df4×d6† ~	D od. S‡
	— Sb8—c6	Sd5—f4† Ke6—e7	Tg5—f5† Ke7—e8	Se4—d6‡
	— g2—g1D	Sd5—f4† Ke6—e7	Tg5—c5† Ke7—f8	Dh4—e7‡
	— Lg8—f7 c4—c3	Dh4—f4 ~	D od. S‡	
	— Lb6—c7	Sd5×c7† Ke6—e7	Tg5—f5‡	
	— ~	Sd5—f4†	Tg5—e5, f5†	D od. S‡
— Tb3×b4	Se4—f6† Ke6—d6	De1—e5† Kd6—c5	Sf6—e4† Kc5—c6	D auch S‡
	— Lb6—e3	De1×e3† Ke6—d6	Sf6—e8† Kd6—c6	De3—b6‡
— Lb6—e3 Sb2—d3	Se4—c5 (†) Ke6—d6	De1—g3† Le3—f4 Sd3—f4, e5	D×L od. S†	Dc7 (Sd5—e7)‡
— Lb6—d4	Se4—c5† auch Se4—c3† nebst Mat in 3 Zügen			
— Lb6—d8	Se4—c5† Ke6—d6	Mat in 3 Zügen durch Sc5—b7† auch De1—e5† etc.		
— Sb8×a6	Se4—c5† Ke6—d6	De1—e7† Kd6—c6	De7×d7‡	

1.	2.	3.	4.	5.
/ ~	Se4—c5† / Ke6—d6	De1—e5† (ev. Sb7‡) / Kd6—c6	Sd5—e7 (ev. De5×c7)‡	

88.

1.	2.	3.	4.	5.
Ld5—e4 / Kc5×d4	Tb6×b5 / Sc7×b5	Dg3×e5† / Kd4×e5	Ta7×e7† / K~	Le1—b4, d2, f2, h4‡
		/ Kd4—e3	Le4~†	De5—e4‡
	/ Kd4×e4	Tb5×e5† / Ke4—d4	‡	
	/ Ta1×e1	Dg3—c3† / Kd4×e4	Tb5×e5† / Ke4—f4	Dc3—g3‡
	/ Sc7—d5	Tb5×d5† / Kd4×e4	Tb5×e5†	‡
	/ ~	Le1—c3, f2†	T‡	
/ Sa8×b6	Ta7×c7† / K~	Dg3×e5† / K×D	Tc7×e7† / ~	L‡
/ Ta1×e1	Tb6×b5† / Sc7×b5	Dg3×e5† / Kc5—b6	Mat in 2 Zügen	
	/ Kc5—d6	Dg3×e5† / Kd6—d7	De5—e6† / Kd7—d8, e8	Tb5—b8‡
	/ Kc5×d4	Dg3—c3† wie oben		
/ Kc5×b6	Ta7—b7† / Kb6—c5	Dg3×e5† / Sc7—d5	‡	
/ Ta1—c1, Th8—d8, Lf1~	Sd4—e6† / Sc7×e6	Dg3—e3† / ~	Tb6—c6‡	
	/ Kc5×b6	Ta7—b7† / Kb6—a6	Se6—c5 auch Dg3—a3‡	
/ Th8—b8, h6 B~	Sd4—b3† / c4×b3	Dg3—e3† / Kc5—c4	De3—c3 (Tb6×b4)‡	

1.	2.	3.	4.	5.
— / Sc7—d5	Tb6×b5† / Kc5×d4	Tb5×d5† wie oben		
— / ~	Sd4—b3† auch Sd4—c2 od. Sd4—e6† nebst ‡ in 2 Zügen			

89.

1.	2.	3.	4.	5.
Le4—h7 / Sb8—d7	Dg7—g1 / d5—d4	Dg1—c1† / Kc4—d5	Dc1—c6† / ~	Lh7—g8, e4‡
	— / T~, Sd8~ · a3—a2	Dg1—c1† / Kc4—d4	Dc1—d2† / Kd4—c4	Dd2—d3‡
	— / Sd7×b6†	Lc7×b6 / ~	D‡	
— / Th4—g4	Dg7—a1 / Tg4—g6	Lc7—e5 / Kc4—d3	Da1—d1† / ~	Le5—d4 Dd1—d4‡
	— / Tg4—g1	Da1—a2† / ~	Da2—c2, d2† / Kd4 od. c4	Dd3, c5‡
	— / Tg4—g2	Da1—c1† / Tg2—c2	Dc1×c2†	D‡
— / Sb8 (d8)—c6	Dg7—a1 / Sc6×b4	Lc7—e5 / Kc4—c5	Da1—c3† / Kc5×b6	Dc3—c7‡
— / d5—d4	Dg7—g8† / Sd8—e6, f7	D×S† / Kc4—c3	Da2 / ~	D od. L‡
— / h3—h2	Dg7—g2 nebst ‡ in 2 Zügen			
— / Sd8—b7, e6	Dg7—g1 etc.			
— / ~	Dg7—a1 auch Dg7—g1 nebst ‡ in 3 Zügen			

90.

1.	2.	3.	4.	5.
Ke2—e3 / Lb8—a7†	Td8—d4 / Tc8—e8†	Ke3—d2 / La7×d4	c2—c4† / Kb5×c4, a4	Sb1×a3 Lf3—d1‡
		— / Te8—e3	c2—c4† / Kb5—a4	Lf3×c6‡

1.	2.	3.	4.	5.
			Lf3×e2†	Sb1—c3‡
		Te8—e2†	Kb5—a4	
		Ke3—d3	c2—c4 auch	
	La7×d4†	Kb5—a4	Lf3—d1 etc.	
			c2—c4†	L‡
		~		
	Ke3—e4	c2—c4 auch Lf3—e2† nebst ‡ in 2 Zugen		
Lb8—f4†	Tc8×d8			
		c2—c4†	Ke4—d3, f5 od.	
	c6—c5	~	Lf3—e2‡	
		Mat in 2 Zügen durch Lf3—e2 oder c2-c4† etc.		
	~			
	Lf3—e2†	Le2×d3†	Sb1—c3‡	
Tc8×d8	Td8—d3†	Kb5—a4		
	Lf3—e2 auch	‡		
~	c2—c4†			

91.

Da4—c2	Dc2—g6	e3—e4	Dg6×d6†	Dd6—d5‡
Le4×g2	g5×f4	Ke5×d4	K~	
		Ke8—e7	D, T od. S‡	
	Lg2—c6†	~		
	Ke8—f7	Sf4—d3†	Td4—e4†	h3×g4‡
Le4×c2	Td1×d2	Td2×d3	Ke5—f5	
		Sf4—d3†	T od. L‡	
	Lc2—e4	~		
		Sf4×g6†	‡	
	Lc2—g6†	Ke5—f5		
	Dc2×e4†	Ke8—f7	Sf4—g6†	Lg2×e4‡
d6—d5	d5×e4	Td1×d2	Ke5—f5	
		De4×d5†	Dd5—d8‡	
	Ke5—d6	Kd6—c7		
	Dc2×e4†	Td4×d6†	De4—f4 auch	
g5×f4	Ke5—f6	Kf6—g5	g6† etc.	
	Lg2×c6	Mat in 2 Zügen		
Le4—c6†	~			

1.	2.	3.	4.	5.
/ Ke5—f6	Td4×d6† / Kf6—e5	Mat in 2 Zügen		
/ Sh1—f2, g3	Td4×e4† / Ke5—f5	Te4—e6† / ~	D‡	
/ Le4—g6†, d3	Dc2×g6, d3 etc.			
/ g7—g6	Dc2×e4† / Ke5—f6	Mat in 2 Zügen		
/ ~	Dc2×e4† / Ke5—f6	De4—e6 (Td6)‡		

92.

1.	2.	3.	4.	5.
Le4—d3 / b7×a6	Dh1—h6 / Sg8×h6	Sd5—c7 / Kd4×e5	Sa5—c6† / K~	Sc7—e8, d5‡
		/ Ld6×e5	Sa5—b3† / Kd4—e3	Sc7—d5‡
	/ f7—f6	Sd5—b4 / Kd4×e5	Sa5—c6† etc.	
		/ Ld6×e5	Sa5—b3† etc.	
		/ Sg8—e7	Sc6† / S×S	Sc6‡
	/ Kd4×e5	Sa5—c4† / Ke5—d4	Dh6×d6 / Sg8—e7, f6	S×S‡
	/ f2—f1D	Dh6×d6 / Df1—a1, b1†	K×D / ~	S od. T‡
	/ Sg8—f6	Dh6×f6 / Kd4—c5	b2—b4† / Kc5—d4	Sa5—b3‡
		/ Ld6×e5	Sb3 od. Db6† / Kd4×d5	c2—c4‡
	/ Ld6×e5	Sb3 od. Db6†	c2—c4‡	
	/ Ld6~	Te5—e4†	Dh6—c6‡	
	/ ~	Dh6×d6	‡	

1.	2.	3.	4.	5.
	Sa5—c4†	Ta6×d6	Sd5—c7 (c3)†	b2—b4
Kd4×e5	Ke5—d4	~		Td6×d5‡
		Ta6×d6†	b2—b4†	S‡
	Ke5×d5	Kd5—c5	Kc5—b5	
	Ta6×d6 auch Dh1—h6 nebst ‡ in 3 Zügen			
Sg8—f6				
	Te5—e4†	Sa5×b7 (†)	‡	
Ld6×a3	Kd4×d5, c5	~		
	Sa5—b3†	c2—c4‡		
Ld6×e5	Kd4×d5			
	Te5×f5	Sa5—b3†	c2—c4‡	
Lg4×f5	Ld6—e5	Kd4×d5		
	Sd5—c7	Te5—e4†	‡	
b7—b6, b5	Sg8—e7 b6×a5			
		Sa5—c6, b3†	‡	
	K od. L×T			
	Te5—e4†	c2—c4†	b2—b4 od. S‡	
~	Kd4×d5			
		Sa5—b3, b7†	c2—c4‡	
	Kd4—c5			

93.

1.	2.	3.	4.	5.
Tb7—g7	Te2×e4	Sg3—e2	Db8—e5†	Tg7×g5
h6×g5	d5×e4	Kc5—d5	~	De5—b5‡
			Db8×b7	Db7—b5‡
		Sd8—b7	~	
	Db8×b7	Db7—b5†	Te2×e4†	Sg3—e2‡
Sd8—b7	Dh8×g7	Kc5—d4	d5×e4	
		Lg5—f6†	Sg3—f5†	Db7—b5‡
	Kc5—d4	e6—e5	~	
		Te2×e4 etc.		
	h6×g5			
		Db7—b5†	Lg5—f6†	Sg3—f5
	Th1—h2, h4 e4—e3	Kc5—d4		Tg6—g4‡

1.	2.	3.	4.	5.
	Sf1 ~	Lg5—e3†	Db7—b5‡	
Kc5—d4	Lg5—f6† e6—e5	Mat in 2 Zügen		
~	Db7—b5†	Te2—e4 ev. Lg5—f6†	S od. T‡	

94.

1.	2.	3.	4.	5.
Ld5—f7 e3×f2	Tc5×c3 Kf4×e5	La3—b2 Ke5×f6	Da7—e7† ~	Tc3—c7, f3, g3‡
		Sf5—d4	Tc3—f3 ~	D od. T‡
		Sd8—e6	Tc3—f3† Ke5—d5	Lf7×e6‡
		Ke5—f4	Da7—e3† Kf4—e5	Tc3—c5‡
		T od. S×f7	Tc3—d3† ~	Da7×d4, e3‡
		e4—e3	Tc3—c4† Sf5—d4	Da7×d4‡
		Dh1 ~, Sd8—c6 d6—d5	Tc3—f3†	T‡
		~	Tc3—d3 auch f3† etc.	
	Dd1—f3	Tc3×f3† e4×f3	Da7—d4† Kf4—g3	Dd4—g4‡
	Sd8—b7	Da7×f2† Dh1—f3	Df2×h2† Df3—g3	Dh2×g3‡
	Sd8×f7, c6	Se5×f7, c6 ~	Da7—e3 La3×d6‡	
	Tf8—e8	La3×d6 ~	S od. D‡	
	Dh1—d1	Da7×f2† Kf4×e5	Tf6×f5‡	

1.	2.	3.	4.	5.
	/ ~	Se5—g6†	La3×d6‡	
/ d6×e5	Da7—d7 / e3×f2	Tc5×c3 / Dh1—f3 e4—e3	Dd7×f5† / Kf4—g3	Df5—g4‡
		/ Sd8—e6	Dd7—d2† / e4—e3	Dd2×e3‡
	/ Sd8—e6	Tf6×f5† / Kf4×f5	Dd7×e6† / Kf5—f4	De6—g4‡
/ Sd8×f7, c6, b7 Tf8—e8 Dh1—d1	Se5—d3† / e4×d3	Tc5×f5† / Kf4—e4	‡	
/ ~ ausg. d6×c5 od. d6—d5?	Se5—g6† / h7×g6 (ev. auch Se5—d3†etc.)	Tc5×f5† / g6×f5	La3×d6‡	

95.

1.	2.	3.	4.	5.
Dh1—f1 / Lb8×c7	Df1—d3 / Lc7×d6	Sd4—e2 / Ld1×e2	Dd3—e3† / ~	Lf7×e6‡
	/ Ke5×d6	Sd4—f5† / Kd6—e5	Dd3—e3† / Ke5×f5	Lf7×e6‡
	/ Dc1—a3	Sd4×c6† / Ke5—f4	Td6—d4† / Kf4—g5	Dd3×g6‡
	/ Ld1—f3†	Sd4×f3† / Ke5—f4	Td6—d4‡	
	/ f6—f5	Td6×e6† / ~	Dd3—g3 Sd4—b3‡	
	/ ~	Dd3—g3†	Dg3—e3‡	
/ Dc1—a3	Td6×e6† / Ke5×d4	Df1—c4† / Kd4×c4	Te6×c6† / ~	Tc6—c4‡
	/ Ke5—d5	Te6—e5† / Kd5×d4	Df1—c4‡	
/ Dc1×c2	f2—f4† / Ke5—e4	Sd4×c2 / Ke4—f5	Lf7×e6†	‡

1.	2.	3.	4.	5.
		Lb8×c7	Df1—c4 auch Td6—d4† etc.	
		Ld1×c2	Df1—f3 auch Lf7×g6† etc.	
		~	Dc4, Td4 od. Lg6† etc.	
Ke5—f4	Df1—d3 Ld1—f3†	Dd3×f3† Kf4—g5	Sd4×e6† ~	Df3—h3‡
	Dc1—a3	Sd4×e6† Kf4—g4	Td6—d4† Kg4—h5	Dd3×g6‡
	Kf4—g5	Sd4×e6† ~	Dd3—h3, g6‡	
	Kf4—g4	Dd3×g6 auch g3 od. h3† etc.		
	~	Mat in 2 Zügen durch Dd3—g3 od. Sd4×e6† etc.		
Ld1—e2	Df1×e2† Ke5—f4	Mat in 3 Zügen durch Sd4×e6† auch De2—f3† etc.		
Tf8—d8	f2—f4† Ke5—e4	Df1—d3† Ke4×f4	Sd4×e6† ~	D od. T‡
Tf8×f7	Df1—d3 Dc1—a3	Td6—d5† Ke5×d5	Sd4—b3‡	
	~	Mat in 2 Zügen durch Dd3—g3, Sd4—f3 od. Td6—d5, e6† etc.		
Ld1—f3†	Sd4×f3† nebst ‡ in 2 Zügen			
Sa2—b4	Mat in 4 Zügen durch Td6×e6† auch Df1—c4 etc.			
f6—f5 Tf8—h8 Ld1—g4, h5	Td6×e6† Ke5×d4	Df1—d3† Kd4—c5	Te6—e5†	D‡
~	Df1—d3	nebst ‡ in 2 Zügen		

96.

1.	2.	3.	4.	5.
Sc4—b2 Le4—d5	Lh2—f4 e5×f4	Db3×b4 Kf6—e5	Db4×f4† ~	Sb2—d3 Df4—d4‡
		Sb8—d7	Sc5×d7† Kf6—e6	Tg8—e8‡
			Db4—c3† etc.	
		Ta6—a4		
		Db3×b4 etc.		
	e5—e4			
Sf1—g3	Lh2×g3 h4×g3	Sc5×e4† f5×e4	Kd8—e8 ~	Db3×f7‡
	f5—f4	Lg3×h4† Kf6—f5	Db3×f7‡	
Ta6~ Le4~ Sf1—d2 b7~	Tg8—g6† (ev. Db3—c4 etc.) f7×g6	Db3—e6† Kf6—g7	De6×g6† ~	L od. S‡
f5—f4	Sc5×e4† Kf6—f5	Tg8—g5† Kf5×e4	D‡	
La1×b2 Sf1×h2 h4—h3	Sc5×e4† f5×e4	Kd8—e8 ~	Db3×f7‡	

97.

Lg3—e5 g4×f3	Dd8—g5 Sh7×g5	Sa5—b7 Kd5—e6	Sb7—c5† Ke6—f7	Sg8—h6‡
			Ke6—f5	Sg8—h6‡
			Ke6—d5	Sg8—e7‡
		Kd5—e4	Sb7—c5† K~	Sg8—h6 od. e7‡
		Sf8 (g5)—e6	Sg8—f6† Kd5×c6	Sb7—a5‡

1.	2.	3.	4.	5.
		Sg5—f7	Sg8—e7† ~	Sb7—c5‡
		Sg5—e4	Sg8—e7† Kd5—e6	Sb7—d8‡
		d7×c6	Sb7—c5 ~	Sg8—e7‡
		d3—d2 od. ~	Sg8—e7†	Sb7—c5, d8‡
	d7×c6	Sa5—b7 c6—c5	Sb7×c5 Sh7×g5 od. ~	Sg8—e7‡
		Le8—d7 od. Sf8—d7 (e6)	Sg8—e7† ~	Sb7—d8 od. Dg5—e3‡
		Le8—f7	Sg8—e7† ~	Sb7—c5 od. D‡
		Sh7—f6	S×S† Kd5—e6	Sb7—d8‡
		S×D, Kd5—e6 d3—d2 od. ~	Sb7—c5	Sg8—e7, h6‡
	Kd5—e6	Sa5—b7 Ke6—f7	Dg5—e7† Kf7×g8	De7—g7‡
		Sh7—f6	Sb7—d8† Ke6—d5	Sg8×f6‡
		~	Ausführungen wie oben	
	Kd5—e4	Dg5—f4† auch Sa5—b7 nebst ‡ in 2 Zugen		
	Le8—f7	Sg8—e7† Kd5—e6	Sa5—b7 ~	Sb7—c5, d8‡
	d3—d2 b5—b4	Sa5—b7 d2—d1D	Sg8—e7† ~	Sb7—c5, d8‡
		~	Ausführungen wie oben	
d3—d2	Sa5—b7 d2—d1D g6—g5	Sg8—e7† Kd5—e6	Dd8×d7† ~	Sb7—d8‡

1.	2.	3.	4.	5.
	— / Sh7—f6	Dd8×f6 / g4×f3	Sg8—e7 auch Df6×f3† etc.	
— / Le8—f7	Sg8—e7† / Kd5—e6	Sa5—b7 / L~	Dd8×d7† auch Dd8—e8 etc.	
— / g6—g5	Dd8×e8 / g4×f3	Sg8—e7† / ~	Sa5—b7 / ~	Sb7—c5 De8—g6‡
— / Sh7—g5, f6	Dd8—f6 / g4×f3	Sg8—e7† / Kd5—e4	Df6—f4‡	
— / g4—g3	Dd8×e8 / ~	De8—f7†	Sg8—e7‡	
— / Kd5—e6	Mat in 4 Zügen durch Sa5—b7 auch Dd8×e8† etc.			
— / b5—b4 d7×c6 h5—h4	Mat in 4 Zügen durch Sa5—b7 auch Dd8×e8 ev. auch Sa5—c4 bez. Dd8—g5 etc.			

98.

1.	2.	3.	4.	5.
Sd3—e5 / La7—d4	Se5—g6 / f7×g6	Dc7—c4 / Se3×c4	f2—f3† / ~	e2—e4‡
		— / ~	f2—f3 ev. Dc4—d3† etc.	
	— / Ke4—f5, d5	Sg6—e7† / Ke4	f2—f3‡	
	— / Ld4—a7, b6	Dc7×c3 nebst ‡ in 2 Zügen		
	— / Ld4—e5	f2—f3†	Dc7—c5 od. S‡	
	— / Se3~	f2—f3†	e2—e4 Sg6—h4, e7‡	
— / a5×b4 d7—d6	Dc7—d6 / La7—d4	f2—f3† / Ke4—f5	Dd6—d5 / ~	D od. e2—e4‡
	— / Se3—d5	f2—f3†	e2—e3, e4‡	
— / h5—h4	f2—f3† / Ke4—d5	Dc7×a5† / Kd5—d4	Da5—b5 / ~	D‡

1.	2.	3.	4.	5.
			Da5×b5†	D od. S‡
		/ b7—b5		
	/ Ke4—f5	Dc7—c4 / ~	‡	
	/ Ke4—d4	Dc7—d6† / Se3—d5	e2—e3‡	
/ d7—d5	Se5×f7 / Se3—c4, f5	Sf7—d6† / S×d6	f2—f3† / ~	e2—e3 Dc7—h7‡
		/ Ke4—d4	e2—e3† / Sc4×e3	f2×e3‡
	/ La7—c5	Sf7—g5† / ~	D‡	
	/ d5—d4	Sf7—d6 auch g5† etc.		
/ La7—c5	Dc7×c5 / Ke4—f5	Se5×d7† / Se3—d5	De5×d5† / ~	Sd7—f8 f2—f3‡
	/ a5×b4	Dc5×e3† / Ke4—d5	De3—d3† / Kd5—c5	Lf4—e3‡
	/ ~	De3 bez. f2—f3†	‡	

Mat in 4 Zügen durch Dc7—d6 auch f2×e3† etc.

1.	2.	3.	4.	5.
/ Ke4—d4				

sowohl Se5×d7 als Se5—g4, g6 nebst ‡ in 3 Zügen

1.	2.	3.	4.	5.
/ Ke4—d5				
/ Ke4—f5	Dc7×c3 / f6×e5	Dc3×e5† / Kf5—g6	De5—g5† / Kg6—h7	Dg5—g7‡

Dc7×c3 auch De7—d6 und f2—f3† etc.

1.	2.	3.	4.	5.
/ ~				

99.

1.	2.	3.	4.	5.
Dc8—e6 / a6×b5	Sd2×b3 / c4×b3	Se3×d5 / Lf7×e6	Tf1—d1† / ~	Sd5—c3, e3‡
		/ Kd3—c4	Tf1—d1 / ~	De6—c6 Sd5—e3‡
		/ Kd3×d4	Tf1—d1† / ~	De6—c6‡

1.	2.	3.	4.	5.
			Tf1—d1†	Sd5—e3
		b3—b2 od.~		D‡
		Tf1—d1†	Sb3—c1†	Td1—f1‡
	Lf7×e6	Kd3—e2	Ke2—f2	
	T~, B~			
		Sb3—c1†	Tf1—d1‡	
	Kd3—e2	Ke2—d2		
	Sd2×b3	Se3—c2	Tf1—f2	Sb3—c5‡
Lf7×e6	Kd3—e4	Ke4—d3	~	
			Sb3—c5†	T auch S‡
		f5—f4	Ke4—f5	
		Tf1—d1† etc.		
	a6×b5 od.~	wie oben		
	Sd2—f3†	De6—e5†	De5—d4 auch	
Kd3×d4	Kd4—c3	Kc3—d3	Tf1—d1† etc.	
		Tf1—d1†	De6—e5†	De5×d4‡
	Kd4—d3	Kc3	d5—d4	
	g4×f3			
	Sd2×b3	Tf1—d1† etc.		
Kd3—e2	Ke2—d3			
	Se3×c4†	De6—e3†	‡	
Kd3×d2	Kd2—d3			
	d5×c4			
	Sd2—b1	Tf1—d1†	Sb1—c3†	Td1—f1‡
b3—b2	Lf7×e6	Kd3—e2		
	Sd2×b3 (b1) ev. auch Tf1—d1 nebst ‡ in 3 Zügen			
~				

100.

De7—f7	Se3—d5	f2—f3	e2—e4	Df7×e8
Kf4—e5	c4—c3	e4×f3	~	e7, e6‡
			Df7—f6†	Sf5—e3‡
		Sf1—d2, g3	Ke5×d5	
			Df7—e7 (e8× T)†	D×e4‡
		~	K~	

1.	2.	3.	4.	5.
	——— Tc8—e8, f8	h7—h8D† T×Dh8	Df7—f6† Ke5×d5	Sf5—e7‡
	——— e4—e3	sowohl Df7—f6† als f2—f3 etc.		
	——— ~	Df7—f6†	S‡	
——— Lb2—f6	Df7—e6 h2—h1D	Se3—d5† Kf4—g4	Sf5—e7† Kg4—h4	Se7—g6‡
	——— d3×e2	Sf5—d6 Sf1—g3	De6×f6† etc.	
	——— Sf1×e3	Sf5×e3 ~	D od. S‡	
	——— g5—g4	Se3—d5† Kf4—g5	De6×f6‡	
	——— ~	Se3—g2† Kf4—g4	S‡	
——— Sf1×e3	Sf5×e3† Kf4—e5	Df7—e7† Ke5—f4 (d4)	De7—e6 (f6‡) ~	D od. S‡
——— g5—g4	Sf5—h4† Kf4—g5	Se3—g2 ~	Df7—g6, f4‡	
	——— Kf4—e5	Df7—e7 auch Sh4—g6†	‡	
——— Tc8—f8 (d3×e2)	Sf5—e7 (bezw. d4)† Kf4—e5	Sc6† Ke5—d6	Df7—d5‡	
——— ~	Mat im 4. Zuge auf mehrere Arten (Sf5—d4, e7, g3, h4† etc.).			

III. Analytischer Teil.

Vergleichende Konstruktionsstudien.

A. Einleitung.

Im ersten Abschnitte des Buches konnte die Theorie der Problem-Konstruktion nur in großen Zügen entwickelt werden, und es ist nun hier der Ort, dieselbe auf Grund der im zweiten Abschnitte vorgelegten praktischen Ausführungen detaillierter zu begründen. Zunächst ist es geboten, eine Art Statistik der wichtigeren Konstruktionsmerkmale aufzustellen, weil auf Grund derselben am besten die absolute und relative Erfüllbarkeit der Kunstgesetze erkannt zu werden vermag. Es kann dann insbesondere der Einfluß studiert werden, welchen die grundsätzliche Beobachtung der Matreinheit und der Figuren-Ökonomie im Hauptspiele auf die sonstige Konstruktion der Probleme nimmt, weil der Autor die Beobachtung dieser wichtigsten Kunstgesetze als eine *conditio sine qua non* betrachtet und zugleich (und zwar oft mit Überwindung großer Schwierigkeiten) darnach gestrebt hat, mit der zur Erfüllung dieser Gebote nötigen Figuren-Anzahl (also mit nicht mehr) auch die möglichst gute Leistung im Sinne der anderen Kunstgesetze zu erreichen. Nach dieser statistischen Darstellung soll dann eine Besprechung der einzelnen Probleme folgen und es kann hierbei wieder durch die Angabe ursprünglicher, minderwertiger Ausführungen einzelner Problemideen, sowie durch die Begründung der Rekonstruktionsarbeiten ein instruktives Material geboten werden.

B. Statistische Darstellung der wichtigsten Konstruktionsmerkmale.

a. Matreinheit.

Die Seite 7 erwähnten Ausnahmsfälle kommen vor und zwar: **a** im Diagramm 27, **b** in den Diagrammen 44, 60 u. 61, **c** in den Diagrammen 29, 30, 40, 81 und 82, während die Endpositionen des Hauptspieles in den übrigen 91 Problemen vollkommen matrein sind. Zu Vergleichungen geeignete Ausarbeitungen finden sich in den Diagrammen 3, 14, 16, 17, 20, 21, 23, 24, 28, 31, 34, 35, 36, 38, 39, 40, 46, 58, 63, 69, 94 hinsichtlich Abzugmat bezw. Demaskierung einer Figur durch den matsetzenden Stein und in den Diagrammen 5, 18, 32, 59, 73, 80, 90, 100 hinsichtlich knapp hinreichender Erfüllung des Kunstgesetzes vor.

b. Effekt der Ökonomie in der Schlussposition.

Der Kontrast zwischen dem Zusammenwirken vieler Figuren in der Matposition und der Matführung durch wenige Offiziere kommt in den Diagrammen 4, 5, 8, 16, 19, 20, 27, 28, 32, 34, 35, 39, 40 einerseits und 9, 12, 45, 48, 49, 51, 52, 53, 54, 56, 65, 74, 78, 80, 86, 88, 89, 92, 98 anderseits am besten zum Ausdrucke. Bemerkenswerte Beispiele hinsichtlich gerade hinreichender bez. durch eine Akkomodationsidee möglich gewordener Befolgung der Kunstregel bieten die Diagramme 3, 4, 5, 8, 81, 82 respektive 26, 36, 39, 62, 90, 100 dar.

c. Beschränkung der Zahl der Züge mit Schachgebot.

Dreizügige Matführungen (Mattreiben mit drei schachbietenden Zügen), deren Berechtigung nachzuweisen ist, kommen in den 8 Diagrammen 42, 43, 44, 45, 86, 87, 88, 89 vor. Die in den Diagrammen 17, 49, 50, 64 enthaltenen zweizügigen Matführungen sind ausnahmsweise nicht durch das Hineinziehen des Königs in das Matgebiet, sondern durch die vor dem Matzuge notwendige Ablenkung eines Steines bedingt. Der betreffende Stein wird jedesmal zur Matnetzbildung mitbenützt. In 19 Fällen (Diagr. 1, 2, 6—8, 22—28, 34—36, 41, 79, 80, 83) wird das Hineindrängen des Königs in das Matgebiet (unmittelbar vor dem Mat) durch stille Züge möglich. Die Vergleichung der Anzahl ein- und zweizügiger Matführungen wird durch die unter e vorkommende Zusammenstellung nahe gelegt.

d. Innere Begründung der Zügezahl der Einleitung, sowie des Problemes überhaupt.

Die Anzahl der Züge der Einleitungen geht (wie jene der Matführungen) aus der Aufstellung unter e hervor. Das Kunstgesetz bietet folgenden Schlüssel zur Beurteilung der Leistung dar: Bei einzügigen Matführungen ist hinsichtlich der Zügezahl des Problemes lediglich der Charakter der Einleitungskombination maßgebend, so daß ein einziger, versteckt liegender Zug hinreichen kann, ein brauchbares (zweizügiges) Problem herzustellen und regelmäßig das Zusammenwirkenlassen zweier stiller Züge einen genügenden Spielraum zur Gewinnung befriedigender Einleitungsideen, somit zur Herstellung guter dreizügiger Probleme gewährt. Bei zweizügigen Matführungen wird gewöhnlich auf die Bildung eines oder mehrerer, der äußeren Form nach schöner Matnetze hingewirkt, so daß in den Schlußzügen des Problemes bereits ein Kunstmoment liegt, welches in dem Sinne auf die Einleitung entlastend wirkt, als dieselbe nicht mehr der alleinige Träger der Problemidee ist, denn es liegt augenfällig die Verbindung einer Einleitungs- und einer Schlußidee vor. Demgemäß wird in der Regel eine zweizügige Matführung zur Herstellung eines vierzügigen Problemes verwendet und nur in dem Falle ein dreizügiges Problem gebildet, wenn in der einzügigen Einleitung bereits eine genügende Schwierigkeit liegt. Ausnahmsweise kann jedoch immerhin auch eine einzügige Matführung mit einer drei- oder vierzügigen Einleitung, eine zweizügige Matführung mit einer dreizügigen Einleitung zu einem vier- resp. fünfzügigen Probleme verbunden werden, wenn es die besondere Einleitungsidee motiviert. Eine dreizügige Matführung soll (sofern dieselbe überhaupt gerechtfertigt ist) mit einer zweizügigen Einleitung versehen werden, damit die konventionelle Grenze von 5 Zügen nicht überschritten wird und eine einzügige Einleitung muß hier wieder (wie hinsichtlich der dreizügigen Probleme mit zweizügiger Matführung) durch besondere Umstände erklärt sein.

Im allgemeinen kann folgender Grundsatz aufgestellt werden: Die Matführungen haben eine feststehende Zügeanzahl, welche, wenn sie über das Notwendige (über eins) hinausgeht, durch eine ideegemäße Matwendung bedingt ist; die Einleitungen dagegen können nach Bedarf beschränkt oder ausgedehnt werden, jedoch muß dies stets mittels zweckentsprechender Kombinationen erfolgen, aus welchen die innere Begründung der Zügeanzahl erkennbar wird.

Die vorliegende Sammlung bietet einige Fälle, in welchen ein sicheres Urteil über die ganze Anlage des Problemes schwerer zu gewinnen war, durch die Diagramme 9, 34, 39, 41, 92, 97 und 100 dar.

e. Indirekte Herbeiführung des Ideenspieles.

Die möglich gewordenen Leistungen gehen aus folgender Tabelle hervor, in welche die zweizügigen Probleme, bestehend aus einer Drohungs- und sieben Zugzwangsaufgaben, ihres einfachen, klaren Inhaltes wegen nicht aufgenommen sind und welche mit den kurzen Ausdrücken: Schachdrohung (statt: aus durchaus schachbietenden Zügen bestehende Drohung) und stille Drohung (statt: wenigstens einen stillen Zug enthaltende Drohung) versehen ist.

Inhalt des Hauptspieles	Inhalt der Drohvariante	Stückeanzahl	
	dreizügige Probleme:		
a. einzügige Einleitung zweizügige Matführung (9—20)	a. zweizügige Schachdrohung (darunter zweimal Benützung des Hauptspieles als Drohvariante)	3	
	b. zweizügige stille Drohung	5	
	c. keine Drohung (Zugzwangsnutzung)	4	12
b. zweizügige Einleitung einzügige Matführung (21—41)	a. zweizügige Schachdrohung	8	
	b. „ stille Drohung (einmal ist das Hauptspiel die Drohvariante)	8	
	c. Zugzwangsnutzung	5	21
	vierzügige Probleme:		
a. einzügige Einleitung dreizügige Matführung (42—45)	a. zweizügige Schachdrohung	1	
	b. dreizügige „	1	
	c. zweizügige stille Drohung	—	
	d. dreizügige „ „	1	
	e. Zugzwangsnutzung	1	4
b. zweizügige Einleitung „ Matführung (46—76)	a. zweizügige Schachdrohung	3	
	b. dreizügige „	7	
	c. zweizügige stille Drohung (einmal ist das Hauptspiel die Drohvariante)	7	
	d. dreizügige stille Drohung (einmal ist das Hauptspiel die Drohvariante)	10	
	e. Zugzwangsnutzung	4	31
c. dreizügige Einleitung einzügige Matführung (77—85)	a. zweizügige Schachdrohung	1	
	b. dreizügige „	—	
	c. zweizügige stille Drohung	3	
	d. dreizügige „ „ (einmal ist das Hauptspiel die Drohvariante)	3	
	e. Zugzwangsnutzung	2	9
	fünfzügige Probleme:		
a. zweizügige Einleitung dreizügige Matführung (86—89)	a. zweizügige Schachdrohung	1	
	b. dreizügige „	2	
	c. vierzügige „	—	
	d. zweizügige stille Drohung	—	
	e. dreizügige „ „	1	
	f. vierzügige „ „	—	
	g. Zugzwangsnutzung	—	4

Inhalt des Hauptspieles	Inhalt der Drohvariante	Stückeanzahl	
b. dreizügige Einleitung zweizügige Matfuhrung (90—99)	a. zweizügige Schachdrohung	2	
	b. dreizügige „	3	
	c. vierzügige „	—	
	d. zweizügige stille Drohung	—	
	e. dreizügige „ „	2	
	f. vierzügige „ „	3	
	g. Zugzwangsnutzung	—	10
c. vierzügige Einleitung einzügige Matführung (100)	(b.) dreizügige Schachdrohung		1

Mit Hinzurechnung der zweizügigen Probleme ergiebt sich in 23 Fällen die Zugzwangsnutzung und in 43 Fällen die stille Drohung; in zwei Fällen (Diagr. 10 und 11) ist die Drohung durch schachbietende Züge mit dem Hauptspiele identisch, in acht Fällen entspricht die dreizügige Schachdrohung der ganzen Zügezahl des Problemes und es bleiben 24 Ausführungen, in welchen die aus durchaus schachbietenden Zügen bestehende, verhältnismäßig starke (kurze) Drohung zu rechtfertigen sein wird. Es kommen dieselben in den Diagrammen 1, 9, 21—28, 42, 46—48, 77, 86—88, 90—94 und 100 vor. Der Begriff Drohung muß im partiegemäßen Sinne genommen werden, wonach jede von dem Angreifer beabsichtigte Spielführung zu berücksichtigen ist, wenn sie auch infolge der Gegenzüge gar nicht oder nicht mit der gleichen Wirkung zur Ausführung kommen kann; infolge dessen ist auch im Diagr. 78 eine zweizügige stille Drohung 2. Sc4—e3 angenommen, obgleich diese Fortsetzung nur auf 1. . . . . Td4—d6, d7, d8 überhaupt möglich ist und dann stets als dreizügige (inkorrekte) Drohung wirkt. Beim Vorhandensein mehrerer Drohungen muß die der Qualität nach schlechteste derselben (bez. müssen sämtliche relativ gleichwertigen, nämlich zugleich schlechtesten Drohungen) als Leistungsmaßstab genommen werden, weshalb auch z. B. im Diagr. 42 nicht die Fortsetzung 2. Dh1×g2, sondern die direkte Attacke 2. Sg3—e2† 3. D‡ in Anschlag gebracht wird. Einfache (allein vorhandene) Drohungen finden sich nur in den 33 Problemen: 1, 9, 10—12, 14—16, 21, 22, 23, 26, 27, 29, 30, 32, 34—36, 43, 44, 49, 53, 55, 62, 64, 68, 71, 72, 79—82 vor, und auch diese Zahl ergiebt sich nur, wenn man jene Stücke hinzurechnet, wo die Drohung mit dem Hauptspiele zusammenfällt, wenn man ferner davon absieht, ob die Drohung als Variante die ganze Zügezahl des Problemes erreicht und wenn man endlich Zugumstellungen und partielle Inkorrektheiten toleriert.

Nachdem diese Drohungen teils schwache, teils starke sind und sich unter den betreffenden Problemen einfache, leichte, sowie schwierige Kompositionen (z. B. 9, 68), Stücke mit wenigen und mit vielen Figuren (z. B. 12, 72), mit wenigen und mit vielen Varianten (z. B. 34, 55) einfinden, so fehlt jeder Anhaltspunkt zur steten Ermöglichung einfacher (als Varianten korrekter) Drohungen, wodurch auch eine grundsätzlich abfällige Kritik hinsichtlich jener in der Mehrzahl vorkommenden Probleme, welche mehrere Drohungen in sich fassen, *a priori* unhaltbar wird.

f. Bildung von Varianten und Verführungen.

In Betracht kommen nur jene Varianten, welche in der Zügezahl des Hauptspieles (den ersten Zug abgerechnet) sind. Die höchste Zahl der Varianten ist 8 (Diagr. 55, 75), die niedrigste 1 (34, 59, 80, 81, 90); durchschnittlich kommen auf jedes Problem 3—4 Varianten, welche Zahlen auch einzeln in den meisten Problemen vertreten sind. Unter den sämtlichen 100 Problemen finden sich nur 12 Stücke vor, welche in dem Sinne durchaus korrekte Varianten haben, als jede derselben ohne Ausnahme nur auf eine Art zu erledigen ist und zugleich diese eine Erledigungsart im ganzen Verlaufe von Doppellösungen (duals) frei bleibt. Sieht man jedoch von Zugumstellungen, identischen Doppelwendungen und partiellen Inkorrektheiten ab, so wächst die Zahl auf 35 an. Hinsichtlich der erst erwähnten 12 Stücke (2, 3, 5, 6, 9, 12, 18, 21, 37, 43, 44, 84), aber auch der anderen 23 (10, 11, 15, 26, 27, 38, 40, 41, 46, 48, 49, 59, 62, 74, 75, 79, 81, 85, 89, 91, 94, 100) läßt sich mit einiger Sicherheit die allgemeine Regel aufstellen, daß entweder eine starke Drohung, ein beschränktes Angriffs- und Verteidigungsmaterial, also einfache Konzeption, oder eine besonders günstige, deshalb auch zur Zugzwangsnutzung geeignete Vereinigung und Aufstellung von Defensivsteinen die innere Ursache der völligen Korrektheit aller Varianten ist, so daß in allen übrigen 65 Stücken, wo diese Umstände nicht eintreten, die mehrfachen Lösungen bei einzelnen Varianten durch den weniger gefügigen Stoff oder (bei Drohungsaufgaben) durch die tiefere Anlage gerechtfertigt sind. In den Aufgaben mit Drohungen ergiebt sich die Variantenbildung gewöhnlich durch die Widerlegung der Drohvarianten; nichtsdestoweniger kann doch nicht jeder widerlegende Zug zu einer korrekten Variante gestaltet werden, wie z. B. die Diagramme 16, 14 und 29 beweisen, denn in 16 würde die Variante 1. . . . . Sa1—c2 nur durch Aufstellung noch eines schwarzen Bauern auf b3, also mit bedeutender Verschlechterung der Position und des Inhaltes, korrigiert werden können, in 14 ließe sich die Doppellösigkeit nach

1. . . . . Te6—e8?, welcher Zug übrigens der einzige schlechte ist, den Schwarz zur Verfügung hat, wohl auf keine Art vermeiden (die Postierung des weißen Königs auf h8 und die Versetzung des schwarzen Bauern g3 nach h7, um die korrekte Variante 2. Dd8—d5† zu gewinnen, ruft z. B. die Nebenlösung 1. Lg8×e6, Sg7×e6; 2. a2×b3 etc. hervor), und die in 29 enthaltene Idee kann überhaupt nur dann in den Hauptspielen korrekt dargestellt werden, wenn man Schwarz auch Gelegenheiten zu schlechter Widerlegung der übrigens sogar nur einfachen Drohung und zu indifferenten, mehrere Blößen darbietenden Gegenzügen beläßt. Von den 23 Problemen mit Zugzwangsnutzung sind allein 7 bez. 13 (darunter auch vierzügige) in allen Varianten korrekt, während auf die 77 Drohungsaufgaben nur 5 bez. 22 derart konstruierter Stücke entfallen; dies läßt den Schluß zu, daß ein zur unauffälligen Zugzwangsnutzung geeigneter Stoff auch stets verhältnismäßig leichter die Unterdrückung der inkorrekten Varianten zulassen wird.

g. Gut gegliederte und elegante Durchführung der Problemidee im Hauptspiele.

Nachdem die Züge durchaus im Sinne des Kunstgesetzes aneinander gereiht sind, können hier nur jene Verbindungen hervorgehoben werden, welche sich seltener ergeben. In Nr. 92 findet sich nämlich der Fall, daß auf eine dreizügige Drohung mit schachbietenden Zügen eine zweizügige stille Drohung folgt und in den Diagrammen 22, 27, 30, 46, 78 und 80 tritt erst während des Lösungsverlaufes die Zugzwangsnutzung ein. Über diese Fälle wird noch in den Detailstudien weiter die Rede sein. Die in der Idee begründete Eroberung eines schwarzen Offizieres kommt im Diagramm 40, die eines Bauern im Diagramm 31 vor. Die Wegnahme eines Bauern im ersten Zuge von W. stellt sich nur im Problem 48 ein, während das Schlagen unwichtiger schwarzer Bauern im Verlaufe des Hauptspieles als Konstruktionsbehelf in den Diagrammen 3, 4, 10, 28, 29, 42, 47, 50—53, 55—57, 62, 63, 65, 66, 68, 69, 71, 77, 78, 86, 88, 90, 91, 93—96, 99 benützt ist. Eine geordnete Zusammenstellung der zuweilen mit dem ersten Zuge verbundenen Opferangebote ist bereits S. 53 bis 55 erfolgt.

h. Völlige Akkomodation der Problemidee.

Hier kommt wieder die S. 7 als notwendig begründete Lizenz hinsichtlich der reinen Matstellungen in Betracht. Positionen, in welchen besondere Vorkehrungen zu treffen, bez. Akkomodationsideen aufzuwenden waren, sind: 4, 5, 8, 19, 21, 23, 24, 31, 32, 34, 36, 39, 45, 51, 62, 64, 78, 82, 90, 100.

i. Gute Anfangsposition.

Das wichtigste Kriterium bilden die in den einzelnen Positionen anticipierten Schlagfälle durch Bauern, da eine zu große Zahl derselben den Kontrast zwischen Problem und Partie in ungerechtfertigter Weise verschärft. Die Sammlung enthält: 18 Diagramme ohne solche Merkmale, 26 Diagramme mit je einem, 24 Diagramme mit je zwei, 19 Diagramme mit je drei, 10 Diagramme mit je vier und drei Diagramme mit je fünf Merkmalen dieser Art. Größtenteils sind die Schlagfälle gegenseitig, also von beiden Parteien erfolgt, und es kommt in Betracht, daß fast alle Probleme in größerem Stile angelegt sind, denn eigentliche Roi dépouillé-Aufgaben kommen gar nicht, Aufgaben, in welchen der schwarze König nur Bauern zur Verfügung hat, bloß zwei vor. Die Positionen mit vier und fünf Schlagfällen sind: 31, 41, 63, 66, 69, 86, 92, 96—98, bez. 51, 52 und 100, sodaß also größtenteils vielzügige Probleme mit umfangreichem Inhalt auf diese Art gekennzeichnet sind.

Ein zweites belangreiches Merkmal besteht in der guten Verteilung der Steine über das ganze Brett, in dem partiegemäßen Arrangement der Heerlager im Falle des Vorhandenseins vieler Figuren und in der möglichst guten Aufstellung des Königs der siegenden Partei. In dieser Hinsicht kommen wegen des etwa zu beanstandenden äußeren Eindruckes die Positionen 5, 10, 20, 26, 29, 36, 48, 51, 54, 64, 72, 83, 88, 91, 93, 94, 95, 96, 99 in Betracht, von welchen einzeln die Rede sein wird.

Ein drittes wesentliches Moment besteht in der guten, aktionsfreien Aufstellung der Angriffsfiguren, welche die unmittelbare Applikabilität derselben auf das Königslager gestattet und dadurch den ersten Zug unter einer größeren Zahl möglicher Züge ungezwungen verbirgt, sowie in der guten Konstruktion des ersten Zuges überhaupt und zwar auch in dem Sinne, wie es im Abschnitte: Das freie Walten des Kunstsinnes des Komponisten, S. 55, näher ausgeführt ist. Diesbezüglich werden allenfalls die Diagramme 41, 50, 57, 95, 99, in welchen eine wichtige Figur erst näher zum Königsstandfelde herangezogen wird, und die Diagramme 17, 47, 56, 67, 68, 70, 72, 84, 88, 94, 97 in welchen mit dem ersten Zuge einzelne Fluchtfelder des schwarzen Königs (ohne kompensierende Eröffnung anderer solcher) genommen werden, einer näheren Erörterung zu unterziehen sein.

C. Detailstudien

(enthaltend weitere 24 Darstellungen von Problemideen).

a. Zweizügige Probleme.

(1—8.)

Sämtliche Stücke sind den Kunstgesetzen entsprechend ausgearbeitet, so daß jene (gegenwärtig allerdings beliebte) Abart von Problemen, in welchen die Matreinheit und die Figurenökonomie zu Gunsten der Herstellung vieler, nur in einer Art lösbarer Varianten vernachlässigt ist, ausgeschlossen bleibt. Diejenigen Erzeugnisse letzterer Art, welche der Autor wegen der Beteiligung an Problemturnieren herstellen mußte, um angesichts der bekannten Beurteilungspraxis einzelner Preisrichter nicht a priori jede Chance zu verlieren, erscheinen entweder in rekonstruierter Form oder sind unterdrückt.

Nr. **1**, welche im Problemturniere der „Detroit Free Press" 1876/77 in folgender Form erschien: W. Kf7, Da7, Td4, Sd5, f2, Bb4, d7; Schw. Ke5, Dh2, Le3, Sc1, g7, Bb7, f5, h5, konnte im Interesse des besseren Eindruckes des ersten Zuges verändert werden, sobald die Möglichkeit eines schlechten, mehrere Blößen bietenden Verteidigungszuges (wie die Bewegung des schwarzen Sc8 nach b6, d6 oder e7) nicht als Schädigung des Inhaltes betrachtet wird. Dieses Problem hat der Autor als ein brauchbares Beispiel eines Zweizügers mit Drohung aufgefaßt, weil zwei Hauptspiele und zwei Varianten vorkommen und weil wegen der starken Drohung, die in jedem Springerzuge liegt (Damenmat b7—d5 oder Springermat), genügende Verführungen vorhanden sind. Nr. **2** soll ein einfaches Beispiel des Einflusses der Zugpflicht bieten, indem zunächst der Umstand, daß Weiß ziehen muß, die Dame zum Verlassen einer anscheinend sehr günstigen Stellung zwingt und sodann wieder nur der unvermeidliche Gegenzug die drei verschiedenen Mats herbeiführt. Nr. **3** erschien 1868 in schlechter Form: W. Kh1, Df1, Tg5, La3, g8, Sc7, e4, Bb2, h2; Schw. Kc4, Td3, La8, Sb3, b7, Ba4, a5, d4, e6, f2, f7, in der Schachspalte des Grazer „Tagblatt" und wurde wenig bekannt. Das Motiv ist die Notwendigkeit der Verstellung der Linie a8—h1, welche gewöhnlich erst nach dem (als Verführung gedachten) Versuche 1. Dg5—h5 erkannt werden dürfte. Nach 1. . . . . Sb7×d8 ergiebt sich das kunstgerechte Hauptspiel. In Nr. **4** benützt der Autor eine Akkommodationsidee als Problemmotiv, indem er eine Fesselung derart vorbereitet, daß eine matreine, ökonomische Schlußposition entsteht. Auch in Nr. 8 findet sich eine solche Idee ausgearbeitet; es soll durch diese Stücke neuerdings auf ein verhältnismäßig dankbares Feld hinsichtlich der Herstellung zweizügiger Probleme hingewiesen werden, denn derlei kunstgerechte Ausarbeitungen sind einesteils schwierig (also noch immer eine würdige Aufgabe) und andernteils gewähren sie schon dem Schachjünger einen richtigen, unverfälschten Einblick in die Kunst. Die Fesselung einer außerhalb des Matnetzes postierten Verteidigungsfigur durch einen auf diese Weise an der Matsetzung indirekt mitwirkenden Angriffsoffizier zeigt übrigens die äußerste Grenze der Freiheit an, welche das den Effekt der Figurenökonomie in der Schlußposition betreffende Kunstgesetz gestattet, und da eine solche Position im Sinne der ersten und zweiten Kunstregel während des Verlaufes der Lösung erfolgen soll, so müßte man eine zweite, schon vorhandene Fesselung (z. B. W. Kg3, Da8, Th5, Lc2, Sd4, e8, Bc3, c4, d6, f2, f6; Schw. Ke5, Td3, Sg5, Bd7, e6, f3, h6, vergleiche Diagr. 4) als ein störendes (aber nicht verbesserndes) Moment betrachten. Die in Nr. 4 bestehende Verführung 1. Db8×g3 war von maßgebendem Einfluß auf die Konstruktion des Problemes, während die auf einzelne Turmzüge (e3—e2, e1) möglichen Doppelzüge geradezu die Konsequenz der äußerlich ungezwungenen Aufstellung und der künstlerisch gerechtfertigten Bevorzugung der Schlußposition sind. In Nr. **5**, einem ebenfalls 1868 im erwähnten Lokalblatte (in folgender Fassung: W. Kc6, De4, Lc5, d7, Sd4, e5, Ba3, b3, g4, g6, h3; Schw. Kd8, Td2, f2, Sf4, h8, Be6, g7) erschienenen Probleme ist die Matreinheit und die Figurenökonomie in einem Zweige des Hauptspieles (1. . . . . Td2×d5) gesichert und damit dem Kunstgesetze gerade noch ausreichend entsprochen, so daß auch die Akkommodation der Idee dargestellt ist. Was die Postierung der schwarzen Steine anbelangt, so betrachtet der Autor dieselbe nicht als partieunwahrscheinlich, da Türme und von ihnen geführte Bauern oft in das Feindesland ziehen. Die Idee bedingt eigentlich eine variantenlose Darstellung; dadurch, daß im Interesse möglichst aktionsfreier Stellung der weißen Figuren ein schwarzer Springer mit verwendet ist, hat sich noch eine ideeverwandte Second-Variante eingestellt. Nr. **6** ist gegen die ursprüngliche, 1866 in „Le Sphinx" erschienene Aufstellung: W. Kh1, Db4, Lb1, h8, Sf2, f4, Bc5, d2, h4, h7; Schw. Ke5, Sc1, f6, Bd5, f7, h5 insofern geändert, als die unökonomische Fesselung der einen Figur durch die andere entfernt und der weiße König mit verwendet wurde. Der Läufer kann nun auch die oberen Felder betreten, weil die betreffenden natürlichen Verführungszüge durch 1. . . . . e7×d6 widerlegt sind. In diesem Stücke, sowie in 7 und 8 ergiebt sich (in der Idee begründet) das indirekte Hineindrängen des schwarzen Königs in das Matgebiet, welches im allgemeinen vor dem Zwange durch Opferung, Abzug etc. den Vorzug verdient, weil es bei gleichem Effekte die Zahl der schachbietenden Züge aufs äußerste beschränkt. Nr. 7 entstand aus dem dreizügigen Problem Nr. 34. Der Autor glaubte annehmen zu dürfen, daß die dort dargestellte Idee auch bei Beschränkung der Einleitung auf einen Zug noch verwendbar sei, und er fand in dem beabsichtigten Verführungszuge 2. Sf5—e3 die Anregung zu einer Ideenverbindung, welche sich durch geeignete Aufstellung des weißen Springers und der schwarzen Dame ergab. Die ursprüngliche Intention des Autors bei Entwurf des zweizügigen Problemes zeigt sich in Nr. 102; die in Nr. 7 wahrnehmbare wesentliche Abweichung in der Auffassung der Grundidee erklärt sich aus dem Bestreben, eine tadellose Anfangsposition zu konstruieren, welche gerade in einer zweizügigen Komposition mit Rücksicht auf die geringe Veränderung durch den Lösungsverlauf um so wichtiger ist. Der einfache, offene erste Zug in Nr. 7 dürfte auch insofern den Vorzug verdienen, als durch denselben eine Deckung aufgegeben und ein nicht allzu naheliegender Verteidigungszug (Dg8—a2, die Antwort auf den als Verführung gedachten Zug 1. Db6—c5) verhindert wird. Die Nummern 7 und 102 zeigen auch, wie es zuweilen ganz unmöglich ist, „duals" zu vermeiden, denn wollte man auch die Ideenverbindung in folgende Form zwängen: W. Kb1, Da8, Lb2, d1, Se3, h1, Bb6, c4, d6, e2, h3, h4; Schw. Kf4, Dg8, Th8, Lh7, Sf8, h6, Bb3, d7, e4, f5, so blieben doch für Schwarz noch immer die schlechten Züge Dg8—d5, g2 übrig, welche das Mat auf zwei Seiten zulassen. Es folgt daraus klar, daß die grundsätzliche Auffassung der duals als Fehler oder auch nur als wertvermindernde Mängel (für den strebsamen Komponisten bestände übrigens letztere Unterscheidung ohnehin nicht) sowohl die Befolgung der Kunstgesetze betreffend die Matreinheit und Figurenökonomie vereiteln, als auch sogar eine Beschränkung der Zahl der Problemideen herbeiführen würde; eine wirkliche Konstruktionsschwäche kann demnach nur in dem Umstande liegen, daß irgend ein Verteidigungszug nachweisbar zu einer ästhetisch genügenden und zugleich korrekten Variante benützt werden konnte, aber nicht benützt worden ist.

102.

Mat in 2 Zügen.

Nr. 8, welche im Chess-Monthly-Turniere 1881/82 in folgender Fassung erschien: W. Ka6, De3, Th4, La3, f5, Sb5, d8, Bc3, d6, f3; Schw. Kd5, Dg4, Le5, Ba4, b6, c5, d7 ist nun alles überflüssigen Beiwerkes entledigt. Hinsichtlich der duals ergiebt sich ein ähnlicher Fall wie in 4 und 7; als Verführung mag 1. Dc1—g1 gelten, sobald angesichts der großen Anzahl frei und nahe dem feindlichen König aufgestellter Angriffsfiguren eine solche noch besonders erwähnt werden soll.

Von der Sammlung ausgeschlossen blieben die zwei Bewerbungen im Pariser Turniere 1878/79 und im amerikanischen Turniere 1880. Die erstere (siehe Nr. 103) entspricht allerdings hinsichtlich der Schlußstellung den Anforderungen, welche an ein Schachproblem gestellt werden können, verstößt aber gegen das Gebot einer ökonomischen Verwendung von Angriffsoffizieren insofern, als im Variantenspiele eine der weißen Figuren (La7 oder Sb3) unverwendet bleibt. Der Verfasser hat mehrfach versucht, eine bessere Darstellung zu erzielen und zwar insbesondere den Zugzwang zu benützen, aber es war nicht möglich, eine ökonomische Ausarbeitung zu finden, welche zugleich die zur Grundidee gehörigen Verführungen: 1. Sb3—d4, Ke5×d6?; 2. Dd2—f4‡ oder 1. Le4—d5, Ke5×d6?; 2. La7—b8‡ enthält. Einfach, anspruchslos, aber wohl auch zu durchsichtig repräsentiert sich das Damenmanöver in folgender Form: W. Ke2, Dc2, Tc6, Le3, h3, Ba4; Schw. Kd5, Sd6, d7, Bc7, in welcher übrigens eine Art Second-Spiel (in der Variante

103.

Mat in 2 Zügen.

104.

Mat in 3 Zügen.

1. .... Sd7—f6, 2. Tc6—c5‡) gewonnen ist. Selbst in dreizügiger Fassung (man sehe Diagramm 104) erwies sich das Damenmanöver allein (ohne die ursprünglich gedachten Verführungs-

momente) als wenig wirksam, nachdem hier wieder die Lösung mit der Deckung eines wichtigen Offizieres beginnen muß und lediglich die Wahl des Feldes (ob g5 oder c1) in Betracht kommt. Das Problem aus dem amerikanischen Turniere, welches vereinfacht unter 105 wiedergegeben ist, läßt, sobald der an sich problemgemäße Läuferzug erhalten bleiben soll, die Bildung einer kunstgerechten Schlußstellung nur in primitivster Form zu: W. Ka5, Dg8, Tc8, Lb2, Sa4, c6, Ba2, e6, f3; Schw. Kd5, Lf8, Sc2. Ba6, a7, d6, e7. Der Autor hat eine Darstellung des reinen Mat in einer anderen Art versucht: W. Kh5, Df1, Tc7, Lf7, Sa6, c6, Ba2, e2, e6; Schw. Kd5, Da4, Te8, Bb5, d6, e3, e4, e7, h6, und nachdem ihn dieselbe trotz der bestehenden Verführung 1. Df1—a1 wegen des geringen Wertes der Varianten nicht befriedigte, nahm er die Herbeiführung der reinen Matposition zum Vorwurfe einer zweizügigen Einleitung, wodurch das dreizügige Problem Nr. 21 entstand.

105.

Mat in 2 Zügen.

b. Dreizügige Probleme.

(9—41.)

Die Nummern 9—20 enthalten zweizügige Matführungen, welche aus bestimmten Gründen mit nur einem stillen Einleitungszuge versehen und zu dreizügigen Problemen verwendet werden konnten. In 9 und 12 schien nämlich dem Autor die kurze Einleitung durch die Vereinigung mehrerer Varianten, welche mittels Aufstellung eines schwarzen Läufers statt eines anderen Deckungssteines herbeigeführt sind, gerechtfertigt; in 10, 11, 14, 15, 16, 18 und 20 trägt der äußere Eindruck des ersten Zuges insofern zur Umhüllung des Kernes bei, als entweder die unmittelbare Applikabilität einer Angriffsfigur teilweise aufgehoben oder eine Angriffsfigur scheinbar schlechter aufgestellt bez. zurückgezogen wird; in 13 sind es insbesondere die mehrfachen Verführungen (z. B. 1. Dh1—h2, 1. Dh1—h8, 1. Dh1—e1, 1. Tc6—a6 etc.), welche die Grundidee genügend verdecken dürften, und in 17 und 19 ist es die, eine größere Anzahl guter Varianten hervorrufende Zugzwangsnutzung, welche die Zügezahl des ganzen Problemes motiviert.

Die kurze Einleitung wird übrigens noch dadurch verbessert, daß gewöhnlich der erste Zug von Schwarz wesentlich zur Herbeiführung der Schlußposition beiträgt, ein Moment, welches bei der Konstruktion der Probleme stets sehr in Betracht gezogen werden soll.

Nr. **9** zeigt die äußerste Grenze an, welche sich der Autor hinsichtlich leichten Stiles gezogen hat, denn es fällt hier eine zweizügige Schachdrohung mit einer zweizügigen Matführung (im Hauptspiele) zusammen. Das Vorhandensein der Second-Variante, 1. . . . Ld8 — b6, welche sich durch eine stille Drohung nicht herbeiführen ließ, entschied allein für die Einreihung des Produktes in die Sammlung. In Nr. **10** und **11** ist die mit dem ersten Zuge verbundene zweizügige Schachdrohung notwendig, weil sie in der Idee begründet ist. Die Position 10 könnte partiewahrscheinlicher gemacht werden, wenn man den schwarzen Tb1 und den schwarzen Lc1 wegläßt, den schwarzen Bb2 nach c2 versetzt und noch einen weißen Bc5 hinzufügt; doch ist dann ein Zweig des Hauptspieles (1. . . . Lf1 × h3, 2. Sd5 × e3†, Ke4 — d3) nicht mehr matrein und auch die Variante 1. . . . Ke4—d3 ist wegen der zweiten Lösung 2. Da8 — a3† etc. geschädigt. Einzelne Vorzüge, welche die in 11 gegebene Darstellung der Grundidee (z. B. hinsichtlich Anfangsposition, noch freiere Königsstellung) aufweist, sind durch den Wegfall selbständiger Varianten (wie 1. . . . Ke4—f5 und 1. . . . Ke4—d3 in 10) aufgewogen. Nr. **13** erscheint gegen die ursprüngliche, (1880 in „Über Land und Meer" veröffentlichte) Aufstellung: W. Kg8, Dh1, Tc6, f8, Bb5; Schw. Kd7, Td2, Lg4, Bc5, c7, e6, e7, f5, g6 etwas geändert, damit erstens auf 1. . . . Tc3—a3 die Variante 2. Da1—e5 für den Inhalt als Vermehrung gewonnen ist, zweitens die Wirksamkeit der Dame auf a1 eine beschränktere (nämlich nur a1—a8 bez. a6 und nicht auch e5 drohende) wird, und drittens der früher mögliche Turmzug 1. . . . d2—d6, welcher den Löser auf das Turmopfer 2. c6 × c7† und das Mat Da1—a7 lenkte (obgleich es in der Lösung gar nicht vorkommt) verhindert wird. Das Hauptspiel wird n u r durch die Schachdrohung Tc3—h3, welche das Feld e5 erst der Dame zugänglich macht, z w i n g e n d herbeigeführt; da dieser Umstand eher verdeckend als die Lösung erleichternd wirkt, so wäre es wohl auch unmotiviert, wenn man die Beseitigung jener Doppellösungen fordern würde, welche eine Konsequenz der möglichen indifferenten Turmzüge c3 — b3, e3, f3, g3, c4, c2, c1 sind. Nr. **14** ist ein Beispiel des entstehenden als rein geltenden Abzugmats; die durch den ersten Zug erfolgende Unterbrechung der Läuferwirksamkeit dürfte effektvoller sein, als die im Diagramm des Titelblattes (Nr. 101) durchgeführte Hinterstellung des Läufers, die allerdings eine bessere Anfangsposition bei Materialersparnis ermöglicht. Die erste, ebenfalls brauch bare Darstellung der Grundidee war: W. Kc7, Dh4, Tf4, Lg1, Sa3, g5, Ba2, b5, e6, g3; Schw. Kd5, Tc1, e2, Ld1, Sa5, Bb3, b6, c3, e5, g7, h2; hier ist mit dem ersten Zuge wieder nur eine stille Drohung verbunden, nämlich 2. Dh4—b4 etc., und das Hauptspiel wird ziemlich unbemerkbar, nämlich durch 1. . . . Te2×a2 herbeigeführt. Die Anfangsposition und die Räumung der Damenlinie durch den angegriffen stehenden Turm ist jedoch nicht tadellos, so daß der Versuch einer besseren Darstellung geboten war. Nr. **15** erschien im Turniere der „Westminster Papers" 1874/75 in folgender äußerer Form: W. Kg5, Df1, Ta5, e5, Le6, g7, Se7; Schw. Kd4, Db5, Th2, Lh7, Sa4, Ba6, b3, b4, d5, f5, g4, h5. Dieselbe führt die Grundidee allerdings so versteckt als möglich vor, indem die schwarze Dame den Eingang zur Linie b5—f1 verstellt; doch ist diese Schwierigkeit nur durch einen Kräfteüberschuß erreicht, welcher weder im Hauptspiele, noch im übrigen Lösungsverlaufe die kunstgerechte Reduktion auf das erforderliche Maß erfährt. Deshalb muß die neue, in die Sammlung aufgenommene Form als die bessere gelten, und es kommt überdies die Erreichung einer stillen Drohung, sowie einer Second-Variante (1. . . . Dg2—g6; 2. Lc8—a6, Dg6×a6; 3. Te5—e6‡) zu Gunsten der neuen Fassung in Betracht, so daß die Kunstgesetze, welche die Schwierigkeit nur soweit verlangen, als sie die kunstgerechte Ausarbeitung ungesucht erzeugt, genügend zu Ehren kommen. Soll die schwarze Dame die vom weißen Läufer zu okkupierende Linie vorerst besetzt halten, so läßt sich die Figurenökonomie nicht erzielen, ohne daß mit dem ersten Zuge ein augenblickliches Mat gedroht wird. Die bestmöglichste Darstellung dieser Art enthält das Diagramm 106. Nr. **16** erschien ursprünglich (1880 in „La Stratégie") mit noch einem weißen Bauern a4, damit der indifferente Zug a5—a4 nicht auch die Fortsetzung 2. Db2×b4† etc. herbeiführen könne; nachdem indessen auch 1. . . . Sa1—c2 zwei Erledigungen (2. Db2×c2† und 2. Db2—f6, Sc2—e3; 3. d2—d3‡) zuläßt, anderseits weder die Variante 2. Db2—f6, noch die Variante 2. Db2—c2† verloren geht, da die eine durch 1. . . . h4—h3, die andere durch 1. . . . Sa1—b3 erzwungen wird, so könnte die unbefangene Kritik den erwähnten Bauer a4

106.

Mat in 3 Zügen.

mit Recht für überflüssig erklären. Bei Aufstellung noch eines schwarzen Bauern auf b3 wird die Purifikation des Problemes von duals erzielt, doch fällt dann die Variante 1. .... Sa1—b3, 2. Db2—c2† ganz aus und es entsteht auch eine Konstruktionsschwäche, welche in der Nichtverwendung des Lh2 bei der Variantenbildung liegt. Bemerkenswert ist es, daß erst mit dem Schlußzuge der größere Teil der Fluchtfelder (5) genommen wird, da vor dem Matzuge (nach der Wegnahme der Dame) nur drei Felder des Königsgebietes von weißen Steinen bestrichen sind. Eine derartige Matführung ist besser (aber auch in reiner Form seltener erreichbar) als das Abzugmat durch Doppelschach, durch welches höchstens drei (bez. bei Abzug des Turmes vier) Fluchtfelder genommen werden können. Nr. **17** erschien in der unter Nr. 107 gegebenen Form im Pariser Problemturniere 1878/79. Die Grundidee liegt in der ursprünglichen Ausarbeitung zweifelsohne etwas versteckter, doch ist die größere Schwierigkeit auf Kosten der Matreinheit erzielt, so daß eine den Kunstgesetzen völlig entsprechende Umarbeitung geboten war. In der neuen Form geht vom Inhalte nichts verloren, da auch der Herantritt des w. K (diesmal nach Th6—g6 oder Lf7—g8) vorkommt, und es konnte die bloße Zugzwangsnutzung erzielt werden. Der erste Zug ist nun allerdings weniger eindrucksvoll, jedenfalls weit naheliegender, doch kommt auch die Verführung 1. Se5—d3, welche nur durch Kd5—d4 pariert wird, in Betracht. Eine Ausarbeitung. in welcher der ursprüngliche erste Zug möglichst genau wieder vorkommt, bietet Nr. 108, die aber äußerlich zu sehr die Zugzwangsnutzung verrät. Hinsichtlich der Wegnahme von drei Fluchtfeldern durch das Abzugmat des Springers und der Dame sei die Bemerkung zu 16 in Erinnerung gebracht.

107.

Mat in 3 Zügen.

108.

Mat in 3 Zügen.

Nr. **18** ist aus folgendem nicht ganz korrektem Stücke: W. Ka7, Da2, Le5, h5, Bf4; Schw. Ke4, Ba6, b5, c3, h3 (1. Le5—f6, Ke4—f5; 2. Da2—d5† etc.) entstanden, welches 1862 erschien und eine der ersten Kompositionen des Autors war. Als matreines Hauptspiel, in welchem auch der Effekt der Figurenökonomie zur Geltung gelangt, muß allein die Wendung 2. De7—g5†, Ke5×e4; 3. Dg5—e3‡ betrachtet werden, so daß die übrigen Abzweigungen des Hauptspieles nur vermehrende, keiner weiteren Veredelung fähige Beigaben sind. In Nr. **19** soll zunächst ein fortgesetzter Zugzwang dargestellt sein, so daß die Züge 1. Sf2—e4 (ohne Drohung), Kd4×d3; 2. Dg5—c5 (ohne Drohung), Kd3×e4; 3. Lg4—f5‡ eigentlich das Hauptspiel bilden; da jedoch die Zugzwangsnutzung an sich noch kein genügendes Problemmotiv bildet, so muß in der Opfervariante 1. . . . . Sf4—d5, 2. Dg5—e5† die Akkommodationsidee erkannt werden, welche die Matreinheit und den Effekt der Figurenökonomie zur Geltung bringt. In Nr. **20** kommt wieder eine Art Abzugmat mit einfachem Schachgebot und völliger Matreinheit zur Darstellung; es ergiebt sich aber gegen 16 die Differenz, daß die Öffnung der Turmlinie diesmal von Schwarz und zwar schon im ersten Zuge herbeigeführt wird. Ähnlich wie in den zweizügigen Aufgaben 4, 7, 8 ist hier die Anbahnung einer guten Matposition zugleich Problemmotiv, welche Bemerkung auch für 16 gilt. Die freie Stellung des schwarzen Läufers f7 muß mit Rücksicht auf die Zugzwangsnutzung als ein Positionsvorzug aufgefaßt werden, welchem gegenüber einige Doppelzüge ganz belanglos sind; dagegen bildet die Häufung der Steine im Quadrat e1—e4—h4—h1 eine Schwäche, welche nicht zu vermeiden war.

Die einfache Konzeption, auch die kurze Einleitung, verursachte es in den besprochenen zwölf Problemen, daß stets entweder eine einzige (auch als Variante völlig korrekte) Drohung oder der Zugzwang das Hauptspiel herbeiführte (nur 13 macht eine Ausnahme!), und daß auch in verhältnismäßig vielen Fällen (9, 10, 11, 12, 15, 18) sämtliche Defensivzüge zur Inhaltsvermehrung benützt werden konnten, also wenig bildungsunfähiger Leistungsüberschuß an Varianten verblieb. Die unmittelbare Applikabilität der Angriffsfiguren bringt in allen Stücken Verführungen mit sich; insbesondere sind noch vorgedachte Ablenkungen in 9: Df7, in 10: 1. Dc6, in 14: 1. Dd3, in 18: 1. Kf7 und es tritt zum mindesten nirgends eine entschiedene Vernachlässigung dieses Kunstmomentes ein, was hervorgehoben werden muß, weil in zwei- und dreizügigen Aufgaben die Umhüllung des Kernes oft durch andere, unstatthafte Mittel (siehe S. 11 u. 35) angestrebt wird.

Die Nummern 21—41 enthalten einzügige Matführungen, welche entweder zur Herstellung einer genügenden Schwierigkeit

(21, 22, 23, 24, 27, 39, 41) oder zum Zwecke der Verbindung zweier Ideenspiele, bez. gleichartiger Abzweigungen (25, 26), oder aber deshalb mit zweizügigen Einleitungen versehen sind, weil die Einleitungsidee diese Zügezahl schon an sich bedingt (28, 29, 30, 31, 32, 33, 34, 35, 36, 37, 38, 40). Im allgemeinen sind daher die Grundideen zu zweizügigen Problemen nicht geeignet und es wäre nur in einzelnen Fällen (21, 22, 27, 34, 39) überhaupt möglich, durch Hinweglassung des ersten Zuges eine einigermaßen brauchbare zweizügige Aufgabe herauszuschälen.

Nr. **21** wurde schon bei Besprechung der zweizügigen Aufgabe Nr. 105, S. 229, erwähnt. Die Pointe liegt im zweiten Zuge, welcher jedoch als Beginn eines zweizügigen Problemes aus dem Grunde weniger gut verwendbar ist, weil mit demselben in auffallender Weise unmittelbar Mat gedroht wird. Der Umstand, daß die Drohung aus schachbietenden Zügen besteht, fällt hier wenig in die Wagschale, weil der äußere Charakter des ersten Zuges (Rückzug der Dame) korrigierend wirkt. Die Grundidee des Problemes liegt in der Bildung einer reinen Matstellung unter erschwerenden Verhältnissen (Abwehr des Läuferschachs) und besteht daher wesentlich aus einer Akkommodationsidee. In folgenden Positionen: **a.** W. Ka2, De7, Lf8, Sd6, e3, Bb5, c2, e5, f2, g2, h3; Schw. Kd4, Td1, Lc1, g8, Sg3, Ba3, a4, b7, d2, d5, e2, h5; **b.** W. Ka2, De7, Lf8, Sd6, e3, Bb5, c2, d2, e5, f2; Schw. Kd4, Lc1, g8, Sg3, Ba3, a4, b6, c3, d5, f3 wird im Schlußzuge noch die Aufhebung der bis dahin erfolgten doppelten Bestreichung des Feldes e5 durchgeführt und das effektvollere Damenmat h4 an die Stelle des Mat f4 gesetzt, doch ist der erste Zug (Lf8—g7) jedenfalls weit naheliegender und der Materialaufwand ein unverhältnismäßig großer, so daß die Wahl der einfachen Ausarbeitung für die Sammlung geboten war. Nr. **22** ist die Neubearbeitung einer Idee, welche zuerst 1874 in der Österr. Schachzeitung in folgender Fassung erschien: W. Kh6, Dh8, Th1, Le2, Sd8, Bc4, e6, g4; Schw. Kf4, Sc5, Be3, e4, e7, h2, h7. Da hier der gute Eindruck des ersten Zuges und die Verzweigungen der Second-Variante durch Hintansetzung der Figurenökonomie erzielt sind, so war allerdings der Versuch einer besseren Darstellung geboten. Nun ist es aber nicht möglich, das Feld g3 offen zu lassen, wenn kein weißer Turm mitverwendet werden soll, und anderseits muß der weiße Läufer auf e6 postiert werden, damit das Matnetz wenigstens in einer Variante aus Läufer und Springer gebildet wird; dies verhindert wegen entstehender Nebenlösungen die Darstellung der Matreinheit in der Abzweigungen des Hauptspieles, so daß die unter 109 gegebene Ausarbeitung noch die relativ beste ist. Da die äußerlich gefällige Form, die ungezwungene Durchführung der Idee, wichtiger als de

Inhalt der Drohvariante, auch wichtiger als der Zugzwang oder die Variantenbildung ist, so hat der Autor die nur mit 12 Steinen erzielte Darstellung der Idee im Diagramm 22 vorgezogen, obgleich nunmehr die Drohung aus schachbietenden Zügen besteht und auf die indifferenten Bewegungen des schwarzen Springers hin gewöhnlich doppelte Erledigungen möglich sind. Übrigens kommt in Betracht, daß es sich hier eigentlich um die notwendige Verlegung der Zugzwangsnutzung in den zweiten Zug handelt, demnach die stärkere Drohung im ersten Zuge hierdurch an Einfluß verliert und daß eine Korrektur der Varianten (z. B. durch Aufstellung eines schwarzen Bg4 statt des w. Bh3) wegen entstehender Unlösbarkeit unmöglich ist. Der Ersatz des Se5 durch einen schwarzen Bauern würde in letzterer Hinsicht Abhilfe schaffen, aber den Eindruck des Problemes nicht verbessern, selbst wenn es, wie das unter Nr. 110 ausgeführt ist, durch eine Änderung des ersten Zuges und durch eine damit entstehende Verführung plausibler gemacht wird. Denn im letzteren Falle droht wieder der erste Zug unmittelbar Mat. Hinsichtlich der Nr. 22 und 27 könnte die Frage aufgeworfen werden, ob die Gliederung des Probleminhaltes eine gute ist, wenn

109.

Mat in 3 Zügen.

110.

Mat in 3 Zügen.

dem ersten, eine schachbietende Drohung enthaltenden Zuge eine Zugzwangsnutzung folgt, welche dem Kunstwerte nach noch über der stillen Drohung steht. Die Antwort liegt indessen nicht fern, da die unmittelbare Wirkung des Zugzwanges allein in Betracht kommt und demnach das durch die Entgegnung von Schwarz entstehende einzügige Mat doch hinter dem durch die Drohung des ersten Zuges herbeigeführten zweizügigen Mat zurücktreten muß. Die innere Gliederung des Problemes wäre schlecht, wenn z. B. in einem Vierzüger der erste Zug eine zweizügige Schachdrohung enthielte und der zweite Zug eine zweizügige stille Drohung oder aber Zugzwangsnutzung herbeiführen würde, da dann der Beginn des Problemes schlechter als die Mitte konstruiert wäre und die Abtrennung des ersten Zuges gefordert werden müßte. Deshalb kann auch im Diagramm 78 die Variante 1. .... Td4×c4 nicht das Hauptspiel sein und ist folgende 1864 im Grazer „Montagsblatt" erschienene kleine Aufgabe: W. Kc1, Db7, Ld8, Sd5, Bb2, f3; Schw. Ke5, Ld6, Bg6 (Mat in drei Zügen durch 1. Sd5—e3) für die Sammlung nicht geeignet, wenn auch die Varianten 1. .... Ke5—e6 und 1. .... Ke5—f4 mit Rücksicht auf das beschränkte Material vielleicht befriedigend sind. Die Figurenökonomie kommt in 22 durch das eigentliche Hauptspiel: 1. .... Kf4—g5; 2. Ld3—g6, Kg5—f6; 3. Dd5—d8‡ zum Ausdrucke. Die Nummern **23** und **24** sollen zeigen, daß auch eine exotische, für den Partieverlauf ganz unbrauchbare Idee (wie es die Darstellung des Abzuges von Springer und Läufer nach allen überhaupt möglichen Richtungen ist) kunstgemäß durchgeführt werden kann, indem ein tadelloses Hauptspiel arrangiert wird und die übrigen Züge als Abzweigungen desselben aufgefaßt sind. Den ersten Anlaß zur Ausarbeitung der beiden vorliegenden Stücke bot dem Autor folgende 1868 in dem Grazer Lokalblatte „Freiheit" erschienene Aufgabe: W. Ke2, Df2, Lc6, f6, Sd4, e7, Ba3, e6, h2; Schw. Kd6, Dh8, La5, g8, Sa1, g5, Ba6, b2, b6, g4, g7; Mat in drei Zügen durch 1. Lf6—e5†, Kd6—c5; 2. Ke2—d3 etc., welche wegen der unstatthaften Variantenverbindung durch einen schachbietenden ersten Zug ohnehin einer Umarbeitung unterzogen werden mußte. Die Darstellung der verschiedenen Läuferabzüge erfolgte sodann 1875 in der Österreichischen Schachzeitung (in welcher auch 23 erschien) in folgender Weise: W. Kf8, De2, Tc2, Lc4, Sc8, Ba4, a6, e4; Schw. Kc5, Th5, Lb1, Sc1, c7, Ba7, e5, e7, f2, g3 (1. De2—d2, Lb1×c2; 2. Dd2—c3), welche wieder wegen des Mangels eines reinen und ökonomisch konstruierten Hauptspieles ungenügend war. In der neuen Form (24) ist gewissermaßen eine Vereinigung des Springerabzuges (als erster Zug) mit dem Läuferabzuge (als zweiter Zug) erzielt und ein gutes Hauptspiel 2. .... Ke4—e3; 3. Le5—f4‡ erreicht. Zugleich ist das Durchscheinen des Abzugmanövers wegen der in den verschiedenen Springerzügen liegenden Verführungen gemildert, ferner ist die Anfangsposition, welche das unmittelbar vorher erfolgte Vorrücken eines schwarzen Bauern nach h1 wahrscheinlich erscheinen läßt, bedeutend verbessert und es wird nun der Abzug des Läufers nach 11 Feldern erzwungen, was das darstellbare Maximum ist. In 24 ist es ganz klar, daß die Drohung nur aus schachbietenden Zügen bestehen kann, aber auch in 23 läßt es die notwendige Aufstellung vieler Verteidigungsfiguren vermuten, daß eine stille Drohung nicht zu erzielen ist. Ein 1866 in „Le Sphinx" erschienenes Problem, welches ebenfalls Läuferabzüge nach mehreren Richtungen enthält, ist (mit geringer Änderung) unter 111 vorgeführt, weil es zugleich den Gegensatz zu der in den Diagrammen 10 und 11 durchgeführten momentanen Abschwächung der Damenwirksamkeit zur Darstellung bringt, indem es die notwendige Verstärkung des Abzugschachs durch Hinterstellung der Dame demonstriert. Es mangelt diesem Probleme aber ein kunstgerechtes Hauptspiel, indem entweder (nach 1. .... Kd7×c6, 2. Ld3—b5†) der Turm überflüssig wird oder das reine Mat fehlt. Nr. **25** erschien ursprünglich (1868, Deutsche Schachzeitung) in folgender Form: W. Kg2, Dc3, Td3, Lg4, Sd1, Be4, h4; Schw. Kf4, Da8, Tg8, Le1, Bb5, c5, d2, e5, g6 (1. Lg4—d7), welche insofern eine Verführung enthält, als der Zug 1. Lg4—e6 nur durch Da8—a3 widerlegt wird, dagegen aber kein ökonomisches, bez. matreines Hauptspiel bietet. Auch in der neuen Fassung ist die Drohung stark und der erste Zug ziemlich nahe liegend, doch vermag nun die Second-Variante 1. .... Sg3×e4; 2. Td3—g3, welche anders als durch eine Drohung mit schachbietenden Zügen nicht zu vereinen ist, diese Schwäche des ersten Zuges zu rechtfertigen. Nr. **26** stellt die Linienräumung durch den König, als der hierzu aus ökonomischen Gründen geeignetsten Figur, und das entscheidende Heranziehen der weißen Dame auf zwei Seiten dar, ein Motiv, welches nicht ohne Zuhilfenahme einer schachbietenden Drohung korrekt durchzuführen war. Die Akkommodationsidee liegt in der Wegnahme des Sb3 und des Td4. Im Turniere des deutschen Schachbundes 1883 erschien das Problem in folgender Fassung: W. Kg7, Da2, Td4, Sb3, c5, Bb4, c4, d3, g4; Schw. Ke5, Dc2, Sb1, Ba4, c6, e3, f4, g5, g6, welche der Autor wegen des Ersparnisses einer weißen Figur (Le6) und des Effektes der Variante 1. .... Dc2×c4 vorzog, obgleich das Matnetz nicht völlig rein ist. Es ist nun aber doch die neue Darstellungsform die den Kunstgesetzen entsprechendere, da ein Mehraufwand von Angriffsfiguren immer so weit gestattet ist, als ihn die kunstgerechte Schlußposition des

111.

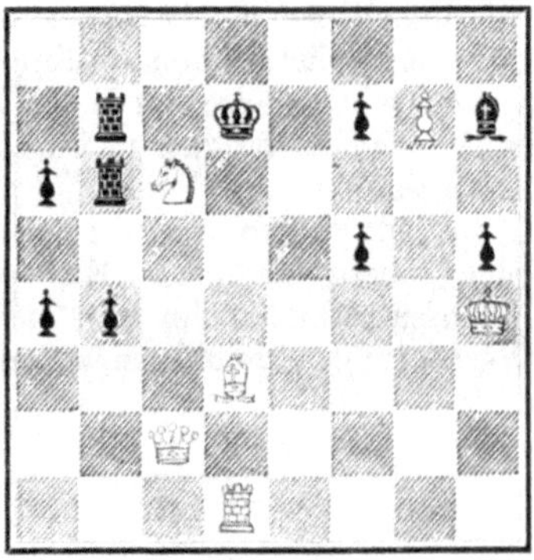

Mat in 3 Zügen.

Hauptspieles rechtfertigt und hier thatsächlich die völlige Matreinheit, die bessere Verteilung der Steine über das Brett, die Korrektur der Variante 1. .... Ke5—f6, sowie endlich der Gewinn der Variante 1. .... f5—f4; 2. Kf8—e7 für den Inhalt erzielt wird. Eine völlig tadellose Anfangsposition ist nicht zu erreichen, weil das notwendige unauffällige Offenhalten der Linien a7—g7 und h2—h8, zufolge der während der Konstruktionsarbeiten gewonnenen Erfahrungen, das teilweise Umkehren der Heerlager unablässig macht. Nr. **27** ist bemerkenswert hinsichtlich der großen Anzahl von Angriffsfiguren, welche sich im Hauptspiele zu entscheidendem Zusammenwirken vereinen und deren jede einzelne übrigens auch in den Varianten zur Verwendung gelangt. Die Fesselung des Läufers ergiebt sich erst aus dem Lösungsverlaufe und zwar (besser als in den Diagrammen 4 und 8) innerhalb des Matnetzes, so daß die Überdeckung eines Feldes durch die Notwendigkeit gerechtfertigt ist. Mit stiller Drohung ließe sich die Idee nicht durchführen, selbst wenn auf die Second-Variante verzichtet wird; beim Stande des schw. L auf c1 stellen sich unüberwindliche Schwierigkeiten hinsichtlich der Verhinderung der Nebenlösungen ein. Es kommt übrigens in Betracht, daß erstens die Pointe des Hauptspieles in den zweiten Zug verlegt ist, welcher eine nahezu genügende Einleitung zu einer zweizügigen Aufgabe repräsentirt und daß zweitens der Charakter des durch mehrere Verführungen umhüllten ersten Zuges ein durchaus problemgemäßer ist. Die starke Drohung bringt es mit sich, daß, von möglichen Umstellungen abgesehen, sämtliche Varianten korrekt sind. Es muß hervorgehoben werden, daß die weiße Da8 zur Durchführung der Idee nicht unbedingt nötig ist, und, wie es deren Funktion im Hauptspiele vermuten läßt, auch durch einen T ersetzt werden kann, worauf die einfache Position der Nr. 112 entsteht. Mit Rücksicht auf die Second-Variante 1. .... Ld2×c3 und die größere Anzahl von Verführungen, welche bei Verwendung der Dame entsteht, glaubte der Autor der komplizierteren Ausarbeitung der Idee den Vorzug geben zu sollen, und zwar umsomehr, als das eigentliche Hauptspiel in den beiden Darstellungsarten hinsichtlich der Matreinheit völlig

112.

Mat in 3 Zügen.

identisch ist. In Nr. **28** ist es ebenfalls die besondere Idee (Rückzug der Dame hinter zwei Türme), welche die Anwendung einer schachbietenden Drohung bedingt, und auch hier ist es ein guter erster Zug, der dieses gröbere Mittel unauffälliger werden läßt. Durch Aufstellung des weißen K auf b1 (statt f1, wie in der ersten Veröffentlichung in „Über Land und Meer" 1878) ist die Variante 1. . . . . Kd5×e4 der Intention des Autors entsprechend korrigiert, wie dies auch der schwarze Bh6 beweist, welcher die Erledigung 3. Dh1—h7 verhindern und das Zusammenwirken aller Angriffsoffiziere erzwingen soll. Ähnlich wie in Nr. 94 wird das Abzugmat mittels Doppelschach mehrfach angestrebt und durchgeführt, aber im Hauptspiele zu einer Linienöffnung mit einfachem Schach und völlig reiner Matposition abgeschwächt. Daß die weiße Dame sowohl im Hauptspiele als in der Second-Variante nur je ein Feld des Matnetzes bestreicht, liegt in der Idee begründet und ist keine Konstruktionsschwäche, was auch aus der kräftigeren Mitwirkung dieser Figur in den Varianten erhellt. Ein ähnlicher Fall kommt in 3 und 32 vor. Mit dem ersten Zuge sind drei Drohungen verbunden: 2. Te6, 2. Tf7, 2. Te5†, welche je nach den Gegenzügen als Hauptspiel oder als Varianten in Anwendung kommen; die letzte, die schachbietende (schlechteste) Drohung muß als die eigentliche Intention des Angreifers angenommen werden. Nr. **29** erschien im Turniere des „Palamède" 1865 in folgender Fassung: W. Kb6, Dc3, Lc1, Sc5, g6, Bd4, e6; Schw. Kd6, Dg4, Tf5, Le2, Bb5, b7, c6, d5, e7, f4. Hier mußte die Variante 1. . . . Dg4×g6; 2. Lc1×f4† als Hauptspiel betrachtet werden, nachdem in der ideegemäßen, feineren Variante 1. Dg4—g5 (deckt indirekt die Drohung 2. Dh3—h8), 2. Sg6—f8 der weiße Läufer c1 unverwendet blieb; nun kann man aber bei Anwendung eines der eigentlichen Matführung vorangehenden Opfers mit Schachgebot nur dann von einer möglichst guten Konstruktion des Problemes sprechen, wenn der abgelenkte Verteidigungsstein die Matnetzbildung befördert (man sehe die Diagramme 17, 49, 50, 64), was hier nicht geschieht, so daß die Second-Variante besser als das Hauptspiel ist. Deshalb ist die neue Ausarbeitung vorzuziehen, wenn sie auch wegen des Zuges f7—f8 S oder D mehreremale neue duals gestattet, deren es übrigens auch schon in der ursprünglichen Aufstellung giebt, nachdem die freie Stellung der schwarzen Figuren nun einmal von größerem Einflusse auf das Variantenspiel ist, als die thatsächlich vorhandene einfache Drohung. Jetzt erscheint übrigens der Inhalt zugleich auf drei gute Varianten (1. . . . . Dg4×h3, 2. Sg6—f8; 1. . . . . Dg4×d4, 2. f7—f8D; 1. . . . . L od. S∼, 2. Dh3—h8) erweitert. Die Matreinheit ist offenbar nicht zu erzielen, da der weiße Sc5 beständig gedeckt sein muß; es liegt der Schwerpunkt der Lösung in dem strategischen Manöver der weißen Figuren gegen Dame und Turm. Die Anfangsposition ist insofern einigermaßen partieunwahrscheinlich, als der weiße König bereits das Feld a7 betreten hat, obgleich noch schwere schwarze Figuren und zwar insbesondere die Dame vorhanden sind. Indessen steht die letztgenannte Figur weit entfernt vom Gebiete des weißen Königs und dieser läßt sich an keinem anderen Punkte des Brettes aufstellen, da sonst stets die Vereitelung der Autorlösung durch ein Schachgebot von Schwarz möglich ist. Es äußert sich nämlich in diesem Probleme bereits der Einfluß der stillen Drohung auf die innere und äußere Konstruktion, denn der tiefer angelegte und deshalb gewöhnlich reichere Inhalt muß immer in dem Verhältnisse durch eine ungünstigere Anfangsposition erkauft werden, als zur Durchführung der Idee eine mehr oder minder große Verteidigungsmacht nötig ist. Die Diagramme 36, 64, 72, 83, 95 und 99 bieten eine weitere Bestätigung dieser Thatsache, welche dem Komponisten, wie aus dem Kunstgesetze betreffend die gute Anfangsposition etc. hervorgeht, hinsichtlich der Erweiterung des Inhaltes gewisse Grenzen steckt. Nr. **30** ist die bessere Darstellung einer zuerst in folgender Form in der 'Deutschen Schachzeitung 1862 veröffentlichten Problemidee: W. Kh2, Th3, Lb3, e5, Sa2, d2, Bd3, e2, f6, g2; Schw. Ka1, Sg5, g8, Ba5, b2, b5, e6, f7. Mat in vier Zügen durch 1. Sa2—b4, 2. Th3—h8 etc. Eine genaue Prüfung dieser vierzügigen Aufgabe (eines Erstlingsproduktes des Autors) zeigt, daß zunächst der erste Zug, mit welchem unmittelbar Mat gedroht wird, nur angeflickt ist und ohne Schmälerung des Inhaltes weggelassen werden kann, und daß ferner in jedem der beiden Turmmats je eine weiße Angriffsfigur überflüssig wird. In der neuen Form ist nur die unbedingt nötige Lizenz hinsichtlich der reinen Matstellung in Anspruch genommen, in allem übrigen aber (Effekt der Figurenökonomie, Verführungen, gute Gliederung) die Wahrung der Kunstgesetze erzielt, wie auch wegen der einfachen Konzeption nur eine einzige Drohung wirkt. Eine völlig kunstgerechte Darstellung der Grundidee findet sich unter 5 und 84; dort ist jedoch die Dame der matgebende Stein, und da die erfolgende momentane Abschließung des Turmes, bez. das strategische Manöver des Turmes gegen zwei Springer an sich bereits zu einem selbständigen Problemmotiv genügt, so kann man aus dem Mangel an Matreinheit noch nicht folgern, daß nur die citierten anderen zwei Ausführungen berechtigt sind. Nr. **31** enthält zwei Drohungen: 2. Dd1, 2. Lg6, welche nach Maßgabe der Gegenzüge als korrekte Varianten zur Geltung kommen. In dem Zuge 1. . . . . Lf2×h4, welcher das Hauptspiel erzwingt und zugleich die reine Matstellung herbeiführt, ist eine Akkommodationsidee zu erkennen. Das Schlagen des schwarzen Bauern im dritten Zuge ist ideegemäß im Lösungsverlaufe herbeigeführt. Die Anfangsposition weist drei vorangegangene Schlagfälle durch weiße Bauern und einen Schlagfall durch einen schwarzen Bauern auf, während sie übrigens ganz partiegemäß ist; durch die stille Drohung und die Akkommodationsidee ist die Bauernstellung genügend erklärt. Auch Nr. **32** enthält eine Akkommodationsidee, indem der schwarze Ld6 den doppelten Zweck hat, vorerst den Punkt e7 zu decken und später (nach 1. . . . . Ke6—d5) das Damenmat durch Unterbrechung der Linie (Ld6—e5) zu verhindern, wodurch dann die ideegemäße, matreine und ökonomische Schlußstellung herbeigeführt wird. Sieht man von der Möglichkeit der Betretung mehrerer Felder durch den Lg6 ab, so entsteht mit dem ersten Zuge nur e i n e (stille) Drohung. Nr. **33** enthält zwei stille Drohungen: 2. Dg6—d6 und 2. f5—f6, welche entweder als Hauptspiel oder als Variante zur Geltung kommen. Bb5 verhindert die Nebenlösung 1. Sd6—b5†, Ta5×b5; 2. f5—f6. In Nr. **34** besteht die Akkommodationsidee darin, daß Schwarz durch 1. B×S und 2. Kf4—e3 eine reine und ökonomische Matposition erzwingen kann. Die Grundidee, nämlich die Ablösung des Läufers, ist zu einer variantenlosen Darstellung prädestiniert, da auch die Drohung mit dem Hauptspiele zusammenfällt. Die korrekte Variante 1. . . . . Sb7—d6 ergiebt sich diesmal nur dadurch, daß der Autor gezwungen ist, den S auf b7 statt a6 zu postieren und einen schwarzen Turm (c8) mitzuverwenden, weil sonst die Nebenlösung 1. De7—d7, c6—c5; 2. Sf5—e3!, ∼; 3. L od. S‡ möglich ist. Die Pointe dieser Nebenlösung, nämlich der Zug 2. Sf5—e3 bietet den Fingerzeig, auf welche Art die, zu schmuckreicher Anlage wenig geeignete, Idee zu einem zweizügigen Probleme benützt werden kann (siehe Diagramm 102). In Nr. **35** liegt die Schlußidee darin, daß fünf Matnetze gebildet sind, welche, je nach dem Stehenbleiben oder Ausweichen des schwarzen Königs, im zweiten Zuge zusammengezogen werden. Als Einleitungsidee ist die Notwendigkeit des Damenzuges nach g4, sowie das Verteidigungsmanöver des schwarzen Läufers, welches abwechselnd die Züge 2. Ld1—f3 und 2. Te4—b4 als allein durchgreifende Fortsetzungen bez. korrekte Varianten erzwingt, gedacht. Die das Hauptspiel darstellende kunstgerechte Variante ist: 1. . . . . Kd5—c6; 2. Ld1—f3, Kc6×b7; 3. Te4—b4‡, so daß Abzugmat mittels Doppelschach entsteht, welches das gleichzeitige Okkupieren von vier Fluchtfeldern gestattet. Als eigentliche, selbständige Grundidee wäre diese, seit dem Erscheinen des sogenannten indischen Problemes bekannte Wendung nicht mehr passend; dagegen kann dieselbe noch als Akkommodationsidee ganz wohl benützt werden, da es z. B. im Problem **36** gewiß besser ist, wenn nach Zusammenstellung des Abzugschachs, infolge der Verteidigung 1. .... Tg6×g3, noch der Austritt des schwarzen Königs nach f2 ermöglicht und damit eine kunstgerechte Matposition erzwungen wird, welche anders für die vorliegende Einleitungsidee nicht zu erzielen ist. Die Betrachtung der Komposition von diesem Gesichtspunkte aus zeigt auch den Rechtfertigungsgrund für die Aufstellung der schwarzen Figuren auf b1, d2 und e1 und die infolge dessen nicht ganz befriedigende Anfangsposition von 36, welche ohnehin schon, verglichen mit der im Rivista-Turniere 1881/82 erschienenen dualfreieren Position, durch Hinweglassung von drei schwarzen Bauern a6, g7, h6 und eines weißen Bauern h5 eine namhafte Verbesserung erfahren hat. Es muß bemerkt werden, daß die Tendenz der Damenzüge in 34 und 36 eine ganz verschiedene ist, indem dort die Ablösung des Läufers und hier die Zusammenstellung eines Abzuges geplant ist, und nur eben beides gleichartig durch einen Damenrückzug eingeleitet werden soll. In den Problemen 35 und 36 ist im Grunde genommen nur eine einzige Drohung vorhanden, welche überdies auch nahezu mit dem Hauptspiele zusammenfällt; allerdings können die Züge der Drohung umstellt werden, was übrigens in 35 nur theoretisch richtig ist, denn sämtliche Gegenzüge von Schwarz heben die Umstellungsmöglichkeit auf. Einem praktischen Spieler würde es gewiß nicht beifallen, die einmal erkannte Wendung deshalb für schlechter zu halten, weil in einzelnen Fällen der zweite und dritte Zug umstellt werden können. Deshalb würde auch eine Konstruktionstheorie, welche z. B. in 36 so viele duals herausrechnet, als bei Unterlassung jedwedes Gegenzuges, Bewegungen des weißen Turmes möglich sind (2. Td5, 2. Te5, 2. Tf5), nicht auf realer Basis beruhen; die Kunstgesetze verlangen mit Grund nur, daß sich eine Variante vorfindet, in welcher die Grundidee rein und korrekt (also auch ohne Umstellung von Zügen) zum Ausdrucke kommt. Nur dann, wenn die Idee des Autors nicht in einem bestimmten Spiele, sondern in einem größeren oder in dem ganzen vorhandenen Variantenkomplex zum Ausdrucke kommt, wird es von Wichtigkeit, daß der größte Teil der möglichen Wendungen korrekt sei, weil mit dem Demolieren einer größeren Partie des Inhaltes auch das Gelingen der Darstellung der Idee in Frage kommt. In Nr. 37 z. B. ist der gesamte Inhalt, nämlich das Bilden von sechs verschiedenen Matnetzen nach Maßgabe der einzelnen Gegenzüge der schwarzen Figuren, als die Grundidee zu betrachten, welche jeden Kunstwert verliert, wenn die Mehrzahl der entstehenden Varianten doppellösig ist. Auch in 44 ist die Abzweigung nach c6 und e4 zusammen als das Hauptspiel zu betrachten, welches zu einem ungenügenden Probleminhalte herabsinkt, sobald ein Zweig dieses Hauptspieles demoliert wird. Nr. 37 ist übrigens, auch mit Hinblick auf die Anzahl der Varianten, das Beispiel relativ möglichster Beschränkung der Mittel des Angreifers, welche überdies ohne das, durch die Zugpflicht erzwungene, Entgegenkommen der Verteidigung für eine kurze Matführung sogar unzureichend sind. Nr. **38** und **40** sind zusammengehörige Stücke. In 40 ist nämlich ein taktisches Manöver gegen eine feindliche Figur mit einer Schlußidee in Verbindung gebracht, welche im Hauptspiele die entscheidende Eroberung dieser Figur erwirkt. Ein Blick auf das Diagramm zeigt, daß dieses Manöver eine reine Matstellung ausschließt, da der Bauer f4 das Feld e3 wegen 2. Dc1—e3† nochmals decken muß, so daß hier wieder der in 30 besprochene Ausnahmsfall entsteht. Die Einleitungsidee ist aber schon an sich für ein Problemmotiv genügend und auch zur Bildung eines größeren Inhaltes, sowie einer reinen und ökonomischen Schlußstellung geeignet; es hat der hierfür in 38 erbrachte Beweis insofern praktischen Wert, als durch denselben zur Klärung des Urteiles über den Kunstwert solcher taktischer Manöver, wie in 40, beigetragen wird. Die berechnete Aufstellung der kleinen Figuren von Weiß in 38 und 40 deutet auf die Anstrengung des Komponisten hin, eine wenig akkommodationsfähige Idee nach Möglichkeit den Kunstgesetzen entsprechend zu gestalten. Bemerkenswert ist der Umstand, daß in Nr. 40 der erste Zug durch Hinzufügung eines weißen Bauern b5 noch unwahrscheinlicher gemacht werden könnte, wenn es die Kunstgesetze gestatten würden, auf g2 einen weißen Bauern statt eines schwarzen zu postieren. Das Problem wäre dann durch einen schwarzen Bauern h6 gegen die Nebenlösung 1. Sc7—e6 geschützt und das Bauernpaar g6, g7 könnte wegfallen. Der weiße König müßte auf e1 aufgestellt sein. In **39** ist die eigentliche Pointe, welche in dem Rückzuge der Dame nach c3 und der Öffnung der Linie c3—c8 liegt, durch ein kunstgerechtes Hauptspiel 2. . . . . Sf3×h2 ergänzt, so daß dieses die Akkommodationsidee, jene die Grundidee repräsentiert. Das Problem könnte allenfalls auch in zweizügiger Fassung erscheinen, allein dann ist der erste Zug zu sehr gekennzeichnet, weil Sf4 angegriffen steht, und es fällt ein durchaus ideegemäßer, ebenfalls auf Zugzwangsnutzung basierter Einleitungszug weg. Nr. **41** zeigt das Herankommen der wichtigsten Angriffsfigur im ersten Zuge und die Wegnahme eines Fluchtfeldes durch dieselbe, so daß die Einleitungsidee dieses Stückes zu 28, 32, 34 und 36 in einen schroffen Gegensatz tritt. Zugleich enthält der erste Zug ein schwerwiegendes Opfer, dessen Annahme ebenso das Hauptspiel herbeiführt, wie die Antwort 1. . . . . c4—c3. Es entsteht demnach die Frage, ob dieses Stück der Verlängerung um einen Zug bedürftig sei, nachdem die Kürzung auf zwei Züge wegen der unmittelbaren

Matdrohung und des Mangels an Verführungen offenbar unstatthaft ist. In dem Zugzwange, der sechs gute Varianten hervorruft, und in dem stillen zweiten Zuge, der drei gleichartige Matnetze bildet, dürfte indessen die Rechtfertigung der Zügezahl liegen, so daß daher das Problem als Beispiel brauchbar wäre, wie durch Vorzüge der einen Art Konstruktionsschwächen anderer Art wettgemacht werden können. Da der erste Zug die leicht erkennbare dreizügige Drohung 2. Dd6×e7†, Ke4—d5; 3. De7—d7†, K⌒; 4. Tg8—e8‡ enthält, so liegt hier auch der Fall einer ziffermäßig feststellbaren Verbesserung der Leistung durch die Zugzwangsnutzung vor. Die Anfangsposition weist zwei Schlagfälle durch weiße und zwei Schlagfälle durch schwarze Bauern auf, was aber wegen der auf die Hälfte reduzierten Anzahl der Steine keineswegs als partieunwahrscheinlich betrachtet werden kann.

In den 21 Stücken, Nr. 21—41, finden sich außer den fünf Zugzwangsnutzungen nur noch elf Fälle einfacher Drohung vor, unter welchen indes fünfmal (21, 22, 23, 26, 27) die starke, schachbietende Drohung figuriert, einmal das Zusammentreffen des Hauptspieles mit der Drohung vorkommt (34) und dreimal gewisse Zugfreiheiten und Zugumstellungen (32, 35, 36) möglich sind. Durchaus korrekte Varianten stellen sich nur mehr in sieben Fällen (21, 26, 27, 37, 38, 40, 41) ein, wobei ebenfalls schon eine liberale Auffassung Platz greifen muß. Den Erklärungsgrund hierfür bietet die tiefere Anlage, welche durch die Benützung zweier stiller Einleitungszüge möglich ist und welche sich auch darin äußert, daß in elf Fällen (22—28, 34—36, 41) der schwarze König indirekt, also mit Ersparung eines schachbietenden Zuges in das Matnetz gedrängt wird. Die unmittelbare Applikabilität der Angriffsfiguren ist wieder möglichst gewahrt; vorgedachte Verführungen sind insbesondere in 22: 1. Dd8—d6 oder c7, in 24: 1. Se6—f4, in 25: 1. Td3—d5, in 26: 1. Kg7—f7, in 27: 1. Tg8—g3 und 1. Lb5—e2, in 29: 1. Da3×a6, in 30: 1. Ld1—h5 und 1. Th4—h1, in 32: 1. Lg6—b1, in 34: 1. De7—d7, in 35: 1. Ld1—f3 und 1. Dg3—f3 oder g2, in 38: 1. b3×c4, in 39: 1. Da5—d5.

c. Vierzügige Probleme.

(42—85.)

Die Nummern 42—45 enthalten dreizügige Matführungen in Verbindung mit einzügigen Einleitungen. Gerechtfertigt erscheint dem Autor die größere Zahl der Züge mit Schachgebot, in 42 durch die Notwendigkeit, die symmetrische Aufstellung der vier Springer und die Komplettierung des Matnetzes erst im Lösungsverlaufe herbeizuführen; in 43 durch die größtmöglichste Variantenbildung bei der Matführung mittels zweier Springer, welche das vorausgehende direkte Damenopfer bedingt; in 44 durch die Darstellung eines sich auf zwei Seiten symmetrisch ergebenden Hauptspieles, und in 45 durch die bestmöglichste Vorführung einer Akkommodationsidee, welche im Sinne der Kunstgesetze erst eine Hauptvariante schafft, während die Grundidee des Problemes in der äußerlich unauffälligen Benützung des Zugzwanges (im ganzen Lösungsverlaufe) beruht. Die kurze (nämlich einzügige) Einleitung soll motiviert sein: in 42 durch den tiefer liegenden Zweck, welchen der erste Zug insofern erfüllt, als derselbe die Bewegung des schwarzen Springers nach f4 und die Öffnung der h-Linie erzwingt; in 43 und 44 durch den reichen Inhalt, bez. durch die Mitwirkung der Gegenpartei an der Herbeiführung der Opfervarianten, und in 45 durch die konsequente Zugzwangsnutzung, welche die Variante 1. .... g4 - g3; 2. h2×g3, Sc7—e8; 3. Da7—b6 als das ursprüngliche Ideenspiel erscheinen läßt. In allen vier Stücken wird mindestens ein schachbietender Zug zur Ablenkung eines Verteidigungssteines verwendet und der abgelenkte Stein im Matnetze mitbenützt.

In **42** ist eine zweizügige Schachdrohung vorhanden, welche jedoch gegenüber dem eigentlichen Zwecke des ersten Zuges weniger ins Gewicht fällt. In **43** ergiebt sich der bemerkenswerte Fall, daß trotz des reichen Inhaltes des Problemes sämtliche Varianten durchaus korrekt (nämlich dualfrei) sind, was zunächst der zufälligen Gefügigkeit des Stoffes und nicht etwa ausschließlich der Nachhilfe des Autors zugeschrieben werden muß. Der erste Zug besteht zwar, ähnlich wie in 41, aus dem Heranziehen einer schweren Angriffsfigur, jedoch verstellt dieselbe ein für den Sd8 wichtiges Feld. In Nr. **44** ist die Matreinheit nur soweit gewahrt, als dies möglich ist, denn die Überdeckung eines Feldes durch den Turm, bez. Läufer, ist die Konsequenz des Zusammenspieles von Turm, Läufer und Springer, welches auf zwei Seiten ein identisches Matbild erzeugt. Auch hier sind, bei einfacher Gestaltung, durchaus korrekte Varianten erzielt; der Bauer h5 hat den Zweck, W. nach 1. .... Se6—f4 zur gleichen Erledigung wie nach 1. .... Se6—d4 zu zwingen, was übrigens von geringer Bedeutung ist. In **45** ist die Verwendung einer einzigen Angriffsfigur zur Matsetzung (nach 1. .... Sc7—e8; 2. Td3—d5†, e6×d5; 3. Sf4—d3†, e4×d3) bemerkenswert, welcher Fall im Problem 74 in mehrfacher Wendung wiederkehrt.

Was die Qualität der Drohung anbelangt, so fällt diese in Nr. 43 mit dem Hauptspiele zusammen, in 44 besteht eine einzige, stille Drohung und in 45 die Zugzwangsnutzung, so daß nur in der oben besprochenen Nr. 42 ein kräftigerer Hebel zur Herbeiführung des Ideenspieles nötig war. Dieses Problem erschien im Turniere des Westdeutschen Schachbundes 1863 in folgender Fassung: W. Kh2, De8, Ta3, La1, h7, Sb6, f2, Bc5, e6, f5, g3; Schw. Ke5, Db7, Ld6, Sa6, g2, Bd4, f6, g5, welche die Variante 1. . . . . D×h7†; 2. Kg1! (nicht g2 wegen Dh3†; K×h3, g4†) enthält, dagegen im Hauptspiele dem Gebote hinsichtlich des Effektes der Figurenökonomie nicht entspricht. In der neuen Bearbeitung der Grundidee ist u. a. auch die Variante 1. . . . . Dg2×h1 insofern inkorrekt, als eine doppelte Verwendung beider Springer möglich ist; es ließe sich eines allerdings durch folgende Aufstellung vermeiden: W. Kg6, De8, Ta3, La1, Sb6, f2, Bc5, e6, f5, g3; Schw. Ke5, Db7, Ld6, f1, Sa6, c2, Bd4, f3, f6, g5, doch hat man dann die Ausmerzung eines „dual" durch eine weit schlechtere Position erkauft. Das Diagramm 42 enthält übrigens manche Verführung und manche neue, durch die Beweglichkeit des Le3 entstehende Variante, welche das, ohnehin allzu auffällige Damenschach b7×h7, bez. b7—f7, g7, h7 leicht vermissen läßt. Es ziemt sich, hier einer poetischen Lösung zu Nr. 42, gezeichnet: „de Grand-Boulogne", Erwähnung zu thun, welche in „La Régence" 1863 erschien und in der Schachzeitung 1864 reproduziert wurde.

Die Nummern 46—76 enthalten zweizügige Matführungen und zweizügige Einleitungen. Dies hat zur Voraussetzung, daß auf die äußere Form des Mat, bez. auf die unmittelbare Matnetzbildung gleichviel Wert gelegt ist, als auf die Einleitung, so daß in der Regel eine durch mehrere Abzweigungen (schönes, insbesondere symmetrisches Matbild etc.) gekennzeichnete besondere Schlußidee mit einer Einleitungsidee in Verbindung gebracht wird. Die zweizügige Einleitung giebt dem Komponisten häufig Gelegenheit zur Bildung guter Second-Varianten (z. B. 46, 47, 48, 50, 51, 52, 58, 60, 61, 66, 68, 69, 70, 72, 74), anderseits vermag sie den Kern besser zu umhüllen (z. B. 49, 53, 54, 56, 57, 59, 62, 63, 65, 67, 71, 73, 76) oder sie führt ein ungewöhnlich umfangreiches Variantenspiel herbei (55, 64, 75), womit sodann die Rechtfertigung der Zügezahl von selbst gegeben ist, wie denn auch insbesondere die Durchprüfung der in zweiter Reihe aufgeführten Nummern (49, 53 etc.) zeigt, daß die Hinwegnahme des ersten Einleitungszuges dreizügige Probleme übrig ließe, deren erster Zug entweder wegen der unmittelbaren oder doch zweizügigen Matdrohung mit durchaus schachbietenden Zügen, oder wegen der auffälligen Postierung wichtiger Angriffsfiguren zu sehr gekennzeichnet ist.

Nr. **46** erschien und zwar in inkorrekter Form 1866 in der Illustrirten Zeitung; damals war jedoch die Annahme des Opfers als Hauptspiel gedacht, während dieselbe jetzt die Second-Variante bildet. Die doppelte Verwendung der vorhandenen, relativ wenigen Figuren rechtfertigt wohl zur Genüge den unvermeidbaren Umstand, daß mit dem ersten Zuge eine zweizügige starke Drohung benützt wird. Der erste Zug ist ein Opferzug, aber es kann nicht die unmittelbare Annahme des Opfers, sondern es muß die Fortsetzung 1. . . . . Kf7—e6 wegen der besseren Gliederung derselben (es folgt wieder ein stiller Zug von Weiß) als die Ideevariante betrachtet werden, obwohl die Erledigung der anderen Variante (1. . . . . T×T) vom dritten Zuge an auf Zugzwangsnutzung beruht. Nr. **47** bot wegen der Schwierigkeit, die beiden Matwendungen (abwechselnd passive und aktive Wirksamkeit der beiden Springer) korrekt und kunstgerecht zu gestalten, keine Gelegenheit zur besseren äußeren Gestaltung des ersten Lösungszuges und der damit verbundenen Drohung. Insbesondere war es nicht möglich, die Zahl der nach dem zweiten Zuge bestehenden Drohungen zu reduzieren, so daß von diesem Lösungsabschnitte an viele duals existieren, was sonach in der besonderen (deshalb aber kaum schlechten) Problemidee begründet ist. Aus eben demselben Grunde war die Variante 1. . . . . f5×e4 nicht für den Inhalt zu gewinnen, da die Doppellösigkeit nicht zu umgehen war. Nr. **48** weist eine, mit Rücksicht auf die große Anzahl von Figuren, partieunwahrscheinliche Anfangsposition auf und der erste Zug ist in Hinblick auf die Wegnahme eines schwarzen Bauern, die Entfernung des Königs aus der Schachgefahr und die zweizügige starke Drohung schlecht konstruiert. Indessen beruht dies hier mehr auf dem unmittelbaren äußeren Scheine, denn die Bewegung des Königs ist durchaus ideegemäß, weil dem Komponisten die Bildung zweier verschiedener Königsabzüge als Grundidee vorschwebte und die nächste Einleitung nicht ohne Aufstellung eines (ohnehin jedes Schutzes baren) feindlichen Bauern auf g6 möglich war. Der erste Zug ist übrigens auch durch die versteckt liegende Verteidigung wesentlich korrigiert, so daß seine nachhaltige Wirkung erst nach vollendeter Lösungsarbeit zu erkennen ist. Die starke Drohung bringt ein völlig korrektes Variantenspiel hervor. In Nr. **49** ist ein Beispiel der Matführung durch verhältnismäßig wenige Steine geboten; auch ist in diesem Probleme die Drohung als Variante korrekt und es finden sämtliche Verteidigungszüge eine einzige Erledigung, was wieder auf der einfachen Gestaltung beruht. Nr. **50** entstand aus folgendem Konkurrenzprobleme des britischen Turnieres 1866/67: W. Kb1, De7, Lh1, h8, Sc5, f2, Bb3, c3, d2; Schw. Kd5, Tg4, g5, Ld4, g8, Sb8, c8, Ba6, b6, d3, e4, e6, g3, h5, welches in dem unschönen Lösungsbeginne, in den starken Drohungen der Einleitungszüge und in der unökonomischen Verwendung des Lh1 bedeutende Konstruktionsmängel zeigt. Zwar ließen sich dieselben bis auf die ungehörige Gliederung (auf zwei einzügige Matdrohungen folgt eine zweizügige Drohung) ohne gründliche Umgestaltung beseitigen und es könnte allenfalls die Rekonstruktion unter Nr. 113 genügen, weil in einem fünfzügigen Probleme die einschränkende Wirkung des, sonst tadellosen, ersten Zuges von verhältnismäßig geringem Einflusse ist; indessen zeigt die Ausführung unter Nr. 50, daß die Komposition zu breit angelegt war und daß erst in der vierzügigen Fassung eine völlig kunstgerechte Darstellung und insbesondere auch eine Variierung des Grundgedankens in den Abzweigungen des Problemes möglich wird. In Nr. 50 ist nun auch mit dem ersten Zuge eine dreizügige Schachdrohung verbunden und das Heranziehen der Dame wird durch den möglichen Angriff Sb7—a5, d8 etwas maskiert. Nr. **51** zeigt wieder die Einführung einer Akkommodationsidee in das Problem bei möglichster Wahrung der Figurenökonomie. Die Grundidee besteht nämlich in der Variante 1. . . . . b2×a1D etc.; sie war zuerst (Illustrirte Zeitung 1865) in folgender Form durchgeführt: W. Kh5, Dd5, La6, Sc1, f2, Bc5, d2, h6; Schw. Kf5, Dc8, Tf7, h8, Bb2, b7, c7, e5, e7, f3, f6, h7 (1. Sf2—h3, b2—b1D; 2. Sh3—g5 etc.). Wie man sieht, wurde in der ursprünglichen Aufstellung mit dem ersten Zuge unmittelbar Mat gedroht und in der Schlußposition blieben zwei Angriffsfiguren unverwendet; ferner kommt in Betracht, daß das erwähnte Motiv an sich zur Herstellung reiner Matpositionen überhaupt ungeeignet ist, so daß demnach die Vereinigung der ursprünglichen Idee mit einer Akkommodationsidee geboten war. Die Anfangsposition von 51 ist wegen der (übrigens entfernt von der feindlichen Dame) erfolgten Aufstellung des weißen Königs auf g6 und der supponierten fünf Schlagfälle durch schwarze Bauern allerdings mehr oder minder partieunwahrscheinlich, doch ist dies wohl durch den reichen Inhalt des Problemes und die besondere Schwierigkeit der Ideenvereinigung zur Genüge erklärt. Nr. **52** fällt durch einen bedeutenden Materialaufwand und (gleich Nr. 100) durch fünf supponierte Schlagfälle seitens der Bauern (einen Fall von Weiß und vier Fälle von Schwarz) auf. Indessen ist der Eindruck der Anfangsposition wesentlich dadurch gemildert, daß die wichtigsten Figuren

113.

Mat in 5 Zügen.

innerhalb der Grenzen der betreffenden Heerlager stehen, und es bringt der Umstand, daß die Grundidee durch eine gute Second-Variante und durch eine mächtige Verführung (1. Tf5, Te8! hier, 1. De6, d3×e2 in 100) ergänzt, bez. umhüllt ist, genügende Lichtseiten der Konstruktionsmethode hervor. Nr. **53** enthält eine einzige Drohung, welche aber vom dritten Zuge an in doppelter Weise, nämlich auch mit dem stillen Zuge De8—h5 fortgesetzt werden kann, jedoch auf einige Gegenzüge (als Variante) nur in letzterer Art zur Ausführung kommt. Nr. **54** enthält eine schachbietende und eine stille Drohung in der noch übrigen Zügezahl des Problemes, welche beiden nur als Varianten zur Anwendung kommen, während sich das Hauptspiel aus dem vorhandenen kräftigsten Verteidigungszuge entwickelt. Die Anfangsposition ist in Hinblick auf die Verwendung des weißen Königs und die Anwesenheit der schwarzen Dame partieunwahrscheinlich, doch erfüllt der König den Zweck, das fast vollendet vorhandene Matnetz etwas unauffälliger erscheinen zu lassen. Der erste Zug ist wohl nur dann verhältnismäßig naheliegend, wenn die vom Autor gedachte Verführung, 1. Dg6—h5, Sh2—g4; 2. Sc3—d1†, Ke3—e4; 3. Sd5—c6†; 4. Dh1‡, ihre Wirkung versagt. Nr. **55** enthält nur eine (bloß in den Abzweigungen inkorrekte) Drohung und ist zugleich neben 75 das inhaltreichste Problem der ganzen Sammlung. Fast alle Varianten sind korrekt, wofür wieder zum Teile die Gefügigkeit des Stoffes (wie in 43) maßgebend ist. In **56** ist eine größere Anzahl verschiedener Matwendungen mit verhältnismäßig geringen Mitteln erzielt, und es ist die Anfangsposition wegen des Standes des weißen Königs keineswegs partieunwahrscheinlich, nachdem die Zahl der schwarzen Figuren bereits stark reduziert ist. Der erste Zug schneidet zwar ein Fluchtfeld ab, doch handelt es sich um die Erkenntnis der konsequent von Weiß und Schwarz erfolgenden Zusammenstellung der Matbilder, in deren ungezwungenem Entstehen allenfalls auch eine Entschuldigung dafür liegt, wenn die Schwierigkeit der Lösung eine geringe ist. Um dieselbe übrigens möglichst zu erhöhen, hat der Autor die erste, 1883 in „Haus und Welt“ erschienene Position insofern geändert, als der weiße Bauer von d3 nach d2 gestellt und die schwarzen Bauern g6 und h5 durch einen weißen Bauern g6 und einen schwarzen Läufer h5 ersetzt sind. Der Lösungsversuch 1. Dh3×b3, welcher früher gar nicht möglich war, wird nun durch 1. . . . . Sg4—e3!; 2. d2—d4, Lh5—g4! widerlegt. Nr. **57** erschien 1877 in der Deutschen Schachzeitung in inkorrekter Form und hat nun zwar noch immer keinen vollkommen befriedigenden, aber doch einen ideegemäßeren und insofern besseren ersten Zug, als doch eine Durchprüfung der Position vorangehen muß, bevor man erkennt, auf welcher Seite des schwarzen Königs die weiße Dame erfolgreicher wirkt. Das Problem ließe allenfalls eine Kürzung auf drei Züge zu, doch liegt, angesichts der mit 2. Sd2—e4 verbundenen schachbietenden Drohung, in der Erzwingung des besten Gegenzuges von Schwarz (g4—g3) immerhin ein die vierzügige Fassung rechtfertigendes Moment. Die einfache Konstruktion bringt einen fast durchaus korrekten Inhalt hervor. Als Hauptspiel ist nur die Wendung 3. . . . . Kd5×d6 zu betrachten, so daß die nicht völlig ökonomisch zu erledigende Bauernwegnahme (3. . . . . Kd5×d4) eine Abzweigung des Hauptspieles (nicht gleichberechtigte Doppelwendung) ist. Es liegt nämlich die Pointe des Problemes nicht so sehr in der Matführung, als in dem zweiten Einleitungszuge Sd2—e4. Nr. **58** ist das Beispiel eines Abzugmats mittels Doppelschach durch Läufer und Springer, welches die gleichzeitige Wegnahme von drei Fluchtfeldern gestattet. Entstanden ist dieses Stück aus folgendem 1875 im „New York Clipper“ erschienenem Erzeugnisse: W. Kh5, Dg5, Ld5, h6, Sd4, Ba3, b2, c4; Schw. Kc5, Ta8, f1, Sd6, f8, Ba4, a7, c2, d3, f5, h4 (1. Dg5—e7), welches in der Second-Variante nebenlösig war. Nr. **59** erschien im kleinen Turniere der Wiener Schachgesellschaft 1864 in folgender Form: W. Ka3, De1, Lg8, Sc4, d5, Bb2, d3, f6, h2; Schw. Kd4, Da8, Ta7, b8, Lc6, g7, Ba4, b3, c7, d7, e2, e3 (1. Sc4—d6, Tb8×g8; 2. Sd5—f4 etc.) und konnte damals erklärlicherweise den Beifall der Preisrichter nicht finden, nachdem mit dem ersten Zuge unmittelbar Mat gedroht wird und überdies kein, den Materialaufwand rechtfertigendes Variantenspiel besteht. In der neuen Fassung ist ein gutes Nebenspiel und die Wirkung einer zweizügigen stillen Drohung erzielt. Die wirksamen Drohungen und der auf das Hauptspiel und die eine Variante beschränkte Inhalt führen die völlige Korrektheit des letzteren herbei. Die Matreinheit kommt nur in der Wendung 3. . . . . Ke5×f6 zum Ausdrucke, so daß die übrigen Abzweigungen Annexe des Hauptspieles sind. Der Bauer f6 hindert die Nebenlösung 1. . . . . Dh4—e7, dient aber auch zugleich zur Bildung einer symmetrischen Figur im dritten Zuge. Nr. **60** enthält eine neue Darstellung der unter Nr. 114 in fünfzügiger Fassung vorgeführten Idee. Die ursprüngliche, aus dem Hamburger Turniere 1868 herrührende Ausarbeitung zeigt die Unterbrechung der Einleitung durch einen schachbietenden Zug, bez. die Unterbrechung der Matführung durch einen stillen Zug, welcher Umstand zunächst Anlaß zur Rekonstruktion gab. Hierbei stellte sich auch die Zweckmäßigkeit einer Kürzung der Einleitung heraus, so daß nunmehr das Problem den Kunstgesetzen völlig entspricht, nachdem die Matreinheit angesichts des variantenreichen Zusammenspieles der Springer und der Dame nicht gefordert werden kann.

Auch eine wesentliche Vermehrung des Inhaltes ist durch die neue Form erzielt. Das Problem Nr. **61** entstand aus folgender, 1868 in der Schachspalte der „Freiheit" in Graz erschienener Position: W. Ka2, Dc3, Lc2, Sc4, d4, Bf2, f3; Schw. Kc5, Te6, h6, Lc6, Sb7, Bd5 (1. Dc3—a3†, Kc5 × d4 etc.). Auch hier ist die Matreinheit nicht möglich, weil sonst auf die dreifache Matwendung durch Dame, Läufer und Bauer Verzicht geleistet werden muß. In der neuen Fassung ist der schachbietende erste Zug (der direkte Angriff!) durch eine zweizügige stille Drohung ersetzt und eine gute Second-Variante (1. .... Sh4 × f3, g6) erzielt. Das direkte Opfer im ersten Zuge ist, ähnlich wie in 46, ideegemäß konstruiert und durch Verführungen genügend verdeckt; auch liegt der Schwerpunkt der Kombination nicht in dem ersten Zuge, sondern dieser hat vielmehr (wie in 46) den Zweck der Vorbereitung des entscheidenden zweiten (Springer-) Zuges. In Nr. **62** ist die Linienräumung (siehe Nr. 26) bei späterer Benützung der weggeräumten Figur durchgeführt, so daß sich wieder zur Einleitungsidee eine Akkommodations-, bez. Schlußidee gesellt. Die Drohung, sowie die Varianten sind, von der zuweilen möglichen Betretung zweier Felder (c5, d4) durch die Dame abgesehen, korrekt. Nr. **63** enthält eine bessere Darstellung der in 115 benützten Idee. Letztere, im Turniere der „Detroit Free Press" 1880/81 erschienene Ausarbeitung mußte im letzten Momente wegen der Nebenlösung 1. Dh5—h3 etc. durch Hinzufügung eines weißen Bauern g3 derart korrigiert werden, daß hierdurch eine Schädigung des Inhaltes, nämlich die Verschlechterung der Matposition in einer Abzweigung des Hauptspieles, entstand. Es liegt hier ein eklatantes Beispiel vor, wie schwierig

114.

Mat in 5 Zügen.

115.

Mat in 4 Zügen.

es oft ist, zu einer Schlußidee eine geeignete Einleitungsidee zu finden oder die Einleitungsidee kunstgerecht herzustellen, denn erst nach Ausarbeitung folgender Positionen: **a.** W. Kb1, Dh2, Tb3, La2, Sb7, f7, Ba4, e2, e6, f3; Schw. Kc4, Ta7, Lc1, h5, Se8, g6, Bb2, b6, e3, e7, f6, g4, h4 (inkorrekte Aufstellung, weil 1. . . . . Sg6—e5 die Lösung verhindert, wie im Berliner „Sonntags-Blatt" 1880 nachgewiesen wurde); **b.** W. Ka8, Dh5, Tb3, La2, Sd4, Ba4, e2, e6, g4; Schw. Kc4, Th8, Ld8, Se1, g8, Bb6, b7, d6, e3, e5, h7 (der beabsichtigte Lösungsanfang 1. Sd4—c6 scheitert an 1. . . . . b6—b5); **c.** W. Kf1, Dd8, Tc2, Lb1, Sd2, Ba5, b3, b5, f5, g3, h3; Schw. Kd3, Th7, Lh4, Sd7, Bc5, e4, e5, g5 (korrekte Ausführung, jedoch mit direktem Opfer im ersten Zuge, zweizügiger schachbietender Drohung, und ohne korrekte Varianten) kam der Autor darauf, daß das Hinüberspielen der weißen Dame auf die linke Seite der Königsposition eine ungezwungene, mit stillen Zügen wirkende Einleitung ergiebt. Das Problem ist nun auch ziemlich variantenreich, wenn auch wieder das Abzugschach naturgemäß manche Doppelzüge möglich macht. Zu einer dreizügigen Darstellung ist die Idee aus dem Grunde ungeeignet, weil die starke Drohung des Zuges Dd8—a8 einer Verdeckung bedarf. Bemerkenswert ist es, daß die in diesem Probleme zur Darstellung gelangende Idee die ausnahmsweise Verwendung vieler Bauern erfordert, welcher Umstand auch die supponierten vier Schlagfälle (zwei von beiden Seiten) belanglos macht. In **64**, welche Nummer zuerst 1880 im Berliner „Sonntags-Blatt" schlechter konstruiert erschien: W. Ka6, Da4, Lb8, e8, Sb3, Bc2, f2, g2, h3, h5; Schw. Ke4, Ta2, Lb2, d1, Se7, f1, Ba3, b6, c4, f7, g4, g5 ist die doppelte Drohung mit den beiden Abzweigungen des Hauptspieles identisch. Das Problemmotiv liegt in dem verzweigten Verteidigungsspiele, welches nebst mehreren selbständigen Varianten die m a t r e i n e D u r c h f ü h r u n g des schon in der Drohung liegenden Ablenkungsopfers in der Mitte des Brettes (nicht am Rande) ergiebt, so daß in demselben vornehmlich eine Akkommodationsidee enthalten ist. Die Anfangsposition ist in Hinblick auf die Stellung des weißen Königs und der schwarzen Figuren a2, b2, d1, f1 partieunwahrscheinlich; man sieht indessen, daß gerade die beabsichtigte Herbeiführung guter Matpositionen den Stand schwarzer Figuren auf der ersten und zweiten Brettreihe erforderlich macht. Nr. **65** enthält, gleich 66 und 67, zwei stille Drohungen, welche abwechselnd als Varianten oder als duals zur Geltung kommen, während sich das Hauptspiel aus einem, beide Drohungen aufhebenden Gegenzuge ergiebt. Nr. **66** benötigt einen schwarzen Tripelbauern zur Verhinderung der durch einige Springerzüge von Weiß drohenden Nebenlösungen; insbesondere wird der Versuch

1. Sd3—f2 und 2. Sf2—d1 durch h7×g6 nebst g6—g5 widerlegt. Auch hier liegt die Idee in den Defensivzügen und in den durch die versteckte Verteidigung entstehenden Verführungen, während in der Opferkombination des Hauptspieles die Akkommodationsidee zu erblicken ist. In Nr. **67**, desgleichen in Nr. 70, ist die Wegnahme dreier (bez. zweier) Fluchtfelder durch den ersten Damenzug von geringem Belange, weil damit doch nur stille Drohungen verbunden sind; der erste Zug ist hier auch durch den Verzicht auf das mögliche Abzugschach verbessert. Nr. **68** hat nur eine (und zwar stille) Drohung. Die Idee des Problemes liegt in der Erzwingung des Turmzuges g5—g6 und ist sonach mit dem in 66 dargestellten Motiv (Erzwingung des Läuferzuges b4—a5) verwandt. Die Second-Variante und der ziemlich reiche Inhalt rechtfertigen wohl die Anzahl der benützten Steine. In **69** ergeben sich durch das Zusammenwirken zweier Läufer und zweier Springer drei Ideenspiele (zweimal Abzugmat und einmal vollkommen reines Mat) mit symmetrischen Figurenaufstellungen. Auch die Nummern **70**, **71** und **72** enthalten einen besonders reichen Inhalt an Opferkombinationen, und es muß insbesondere zu 71 und 72, welche die Bildung zweier völlig verschiedener Matnetze aufweisen, bemerkt werden, daß eine derartige Inhaltsgestaltung weitaus schwieriger ist, als die Wiederspiegelung eines Matbildes in einer äußerlich gleichartigen Abzweigung, wie sie z. B. das Problem 44 enthält. Schon im Jahre 1864 (Turnier des Westd. Schachbundes) hat der Autor die kunstgerechte Darstellung des Entstehens zweier äußerlich verschiedener Matnetze in folgender Position versucht: W. Kh3, Dg6, Td3, Le2, g5, Sc7, g1, Ba5, g3; Schw. Ke4, Tb8, h8, Ld5, e5, Sd7, Bb5, e3, f5, g7, h6 (Mat in vier Zügen durch 1. Lg5—e7 etc.), was jedoch hier, wegen der Aufstellung des weißen Läufers auf g5, der geringen Benützung des weißen Sg1 und der Wegnahme des Ld5 in beiden Ideenvarianten, noch nicht in befriedigender Weise gelang. Daher müssen denn auch die Anfangspositionen von 71 und 72 hinsichtlich der partieunwahrscheinlichen Aufstellung des weißen Königs und einiger Verteidigungsfiguren als notwendige Konsequenz der dem Autor entgegengetretenen technischen Schwierigkeiten aufgefaßt werden, welche er noch durch die Einführung einer stillen Drohung (umfassend die ganze Zügezahl des Problemes) selbst vermehrt hat. Die (einzige) stille Drohung ist in 72 auch Ursache, daß zahlreiche indifferente Gegenzüge von Schwarz doppelte oder dreifache Erledigungen gestatten, was angesichts des vorhandenen reichen, korrekten Inhaltes ganz ohne Belang ist. Es kommt in Betracht, daß im Problem 72 der Zug 1. Dh5—e8 viele Varianten hervorruft und nur durch 1. . . . . Dc1—c2 widerlegt wird; hierdurch, sowie durch die stille Drohung

und die Vereinigung zweier, mit mehreren Subvarianten ausgestatteter Hauptspiele, gewinnt der dem unmittelbaren äußeren Eindrucke nach wenig problemgemäße erste Lösungszug wohl genügend an Wert. In Nr. **73** bildet das ganze Variantenspiel, insbesondere aber der zweite Zug von Weiß die Problemidee, welche mittels Zugzwangsnutzung durchgeführt ist. Nachdem zwei Varianten bestehen, in welchen Schwarz eine reine Matstellung erzwingt: 2. . . . . Lh8 oder d6×e5, 2. . . . . d5—d4, so ist den Kunstgesetzen umsomehr Genüge gethan, als der ganze Probleminhalt durch verhältnismäßig wenige Angriffsfiguren erzielt wird. Auch in **74** sind die verschiedenen Wendungen mittels weniger Angriffsfiguren durchgeführt und die einfache Gestaltung bringt es auch mit sich, daß sämtliche Varianten (von partiellen Inkorrektheiten abgesehen und wenn man den kürzesten Weg in das Auge faßt) nur auf eine Art zu erledigen sind. Es wurde schon an einer anderen Stelle des Buches erwähnt, daß der Läufer c4 auch durch einen Bauern ersetzt werden kann. Die Nr. **75** weist eine verbesserte Durchführung jener Idee auf, welche dem Probleme Nr. 4301 der Deutschen Schachzeitung 1877 (hier reproduziert unter Nr. 116) zu Grunde liegt. Der Autor betrachtet es nämlich längst schon als allein richtig, wenn man den Zugzwang nur als Mittel zur Herbeiführung des Ideenspieles und zur Variantenbildung in derselben Weise wie eine Drohung benützt, und hält es für verfehlt, wenn ein Komponist die Konstruktion eines Zugzwangsproblemes als eine an sich genügende Leistung betrachtet, welche ihn von der Bildung einer kunstgerechten (reinen) Matposition und von dem Nachweise der Figurenökonomie enthebt. Sein Streben mußte demnach auch dahin gerichtet sein, neuerdings durch mehrere Beispiele die M ö g l i c h k e i t der derartigen Benützung des Zugzwanges in kunstgerechter Form zu demonstrieren, und von diesem Gesichtspunkte aus ist somit die Konstruktion der Probleme 18—20, 38—41, 45, 74—76, 84, 85 erfolgt; dabei war es ihm vollkommen klar, daß das Vorhandensein eines wohlkonstruierten Hauptspieles die Schwierigkeit nicht erhöht, sondern in der Regel vermindert, weil es dieselbe auf das durch die Harmonie zwischen Schönheit und Schwierigkeit gebotene Maß reduziert. Es sollte daher der Zugzwang nicht das Mittel zur Erreichung einer Schwierigkeit à tout prix sein, aber es sollte anderseits das Feinheitsmoment, welches in der Benützung des Zugzwanges liegt, nicht durch andere Konstruktionsschwächen verkümmert werden, so daß die Herbeiführung der Lösung durch die Zugpflicht als das Ergebnis einer in allen Teilen gelungenen Konstruktion des Problemes erscheint. In der ursprünglichen Fassung (Nr. 116) waren nun der erste Zug (welcher einen en prise stehenden Stein besser postiert) und die Bauernstellung auf den Linien f und g störende Momente, so daß die neue Ausarbeitung den Vorzug verdient. In dieser vertreten zwei Türme die Stelle des schwarzen Läufers und es ergiebt sich zugleich zwanglos ein ausgedehntes, korrektes Variantenspiel. In den Problemen 73—76 kommt die Zugzwangsnutzung noch im zweiten Zuge (fortgesetzt) vor.

116.

Mat in 4 Zügen.

Was die gesamten 31 Probleme (Nr. 46—76) betrifft, so sind unter denselben nur vier Zugzwangsnutzungen und sieben Probleme mit einfachen Drohungen enthalten, von welch' letzteren eine im zweiten Zuge einen dual hat (71), drei aus durchaus schachbietenden Zügen bestehen (49, 53 und 55 mit teilweise inkorrektem Verlaufe) und eine kürzer als die noch unerledigte Zügezahl des Problemes ist (62), so daß nur zwei dreizügige korrekte stille Drohungen (68, 72) vorhanden sind. Es haben auch nur sieben Stücke (46, 48, 49, 59, 62, 74, 75) durchaus korrekte Varianten; und es gilt für all das der S. 244 besprochene Grund.

Die Nummern 77—85 enthalten dreizügige Einleitungen und einzügige Matführungen, welch' letztere wieder in relativ vielen Fällen zunächst durch die Möglichkeit indirekten Hineindrängens des schwarzen Königs in das Matnetz (während des ganzen Lösungsverlaufes) erklärt sind (77, 79, 80, 83, 84, 85). Die Begründung der Zügezahl liegt entweder in der besonderen Einleitungsidee, welche der breiteren Anlage bedarf (78, 79, 80, 81, 82) oder in der besonderen Vermehrung des Inhaltes durch die vierzügige Anlage des Problemes (83, 85) und ist lediglich in zwei Fällen (77, 84) durch die notwendige Erhöhung der Schwierigkeit bedingt.

In Nr. **77** besteht eine Schachdrohung (2. Td3†) und eine stille Drohung (2. Dc2) in zwei Zügen; es existieren nur wenige Varianten, so daß demnach die Verlängerung der Einleitung keinen wesentlichen Gewinn ergiebt. Dennoch ist die Zügezahl gerechtfertigt, weil in dreizügiger Fassung der erste Zug (Tb3 × b4) ohne motivierende Einleitung einen wichtigen Bauern schlagen und unmittelbar Mat drohen würde. Auch enthält die vierzügige Position insofern eine Verführung: 1. Sd3 × e5, als dieser Zug nur durch 1. . . . . Df8—d6 widerlegt werden kann. Nr. **78** entstand aus der 1865 in der Illustrirten Zeitung erschienenen Aufgabe:

W. Kb5, De1, Sd3, e4, Bg2, g4; Schw. Kd5, Td4, Sb4, Be5, e6 (Mat in vier Zügen durch 1. De1—c3 etc.), welche einen Zugzwang mit geringfügigem Inhalte, bezw. ohne Hauptspiel bietet und auch insofern eine Konstruktionsschwäche enthält, als die Einleitungskombination durch einen schachbietenden Zug unterbrochen ist. In der neuen Fassung, welche ebenfalls mit verhältnismäßig geringen Mitteln hergestellt ist, kommt der Zugzwang zwar nicht mit dem ersten Zuge zur Geltung, ist aber dafür vom zweiten Lösungszuge an (nach Td4×c4) besser konstruiert. Ferner ist auch eine Akkommodationsidee, nämlich eine Damenopfervariante mit reiner Matposition eingeführt, wodurch erst eine durchaus kunstgerechte Leistung erreicht wird. Wie schon an anderer Stelle erwähnt wurde, unterbietet die bestehende zweizügige stille Drohung 2. Se3 insofern die wirkliche Leistung, als jede entstehende Variante (mit Ausnahme des unmotivierten Turmopfers 1. . . . . Td3†) die ganze Zügezahl des Problemes erreicht. Nr. **79** enthält eine mittels kleiner Figuren bewirkte Matführung und ist als Beispiel einfacher, kunstgerechter Darstellung der bekannten Verstellungskombination in die Sammlung einverleibt. Die zuerst 1866 in „Le Sphinx" veröffentlichte Position wies insofern eine schlechtere Konstruktion des ersten Zuges auf, als der weiße Springer bereits auf g4 stand und der auf d8 en prise postierte Läufer im ersten Zuge nach g5 bewegt werden mußte. Die zweizügige stille Drohung ist zugleich die einzige, welche mit dem ersten Zuge in Verbindung steht; auch sind die, übrigens wertlosen Varianten korrekt, was in der einfachen Konzeption begründet ist. Nr. **80** entstand aus folgender, 1862 in der Schachzeitung erschienener Aufgabe: W. Kg2, Da7, Sf5, g4, Bc3, e2; Schw. Ke4, Lf8, Sh6, Bc4, d4, e3, e6, f6, g6 (Mat in fünf Zügen durch 1. Sf5—g7, Lf8×g7; 2. Da7×d4† etc.), welche wegen der unmittelbaren Matdrohung im ersten Zuge, des Raubes einer Figur im dritten Zuge und des Mangels eines matreinen Hauptspieles einer Rekonstruktion bedürftig war. In Nr. 117 ist eine bessere, fünfzügige Darstellung der Idee gegeben, welche jedoch noch immer eine, in der Unterbrechung der Einleitung durch ein Schachgebot liegende Konstruktionsschwäche enthält, so daß wohl die vierzügige Fassung in 80 die allein kunstgerechte ist. Als Hauptspiel ist die Bewegung des Königs 3. . . . . f5—e5 zu betrachten. Die Drohung und die wenigen Varianten sind der anspruchslosen, mit wenigen Mitteln durchgeführten Idee gemäß, durchaus korrekt. In **81** ist eine vollkommen reine Matposition wegen des Zusammenspieles von Dame und Läufer, welches in der Einleitungsidee begründet ist, unerreichbar, während der Effekt der Figurenökonomie, bez. die notwendige Akkommodation durch die das Hauptspiel provozierende

Verteidigung 1. . . . . b7∼ oder c5—c4; 2. Dr1—b1, g6—g5; 3. Db1—g6, g5×f4 erzielt wird. Auch in **82** kommt eine Idee zur Darstellung, welche eine reine Matstellung ausschließt und welche überhaupt nicht in einem bestimmten Hauptspiele, sondern, wegen des mehrfach durchgeführten Ablenkens der Dame und des Läufers g4, in dem ganzen Variantenkomplex zum Ausdrucke kommt. Als Hauptspiel im Sinne der Kunstgesetze bietet sich übrigens die Wendung 1. . . . . De8—f7; 2. Ta8—f8, Df7×f8; 3. Ld3—e4, Lg4∼ dar, in welcher der Effekt der Figurenökonomie zur Geltung gelangt. Die in der Wegnahme der Dame bestehende stille Drohung ist die einzige, welche

117.

Mat in 5 Zügen.

mit dem ersten Zuge verbunden ist, und es ergiebt sich wieder der bei Nr. 29 besprochene Fall, daß erst die planlose Bewegung der Verteidigungsfiguren vielfach duals erzeugt. Das Betreten der achten Felderreihe durch einen Bauern geschieht ideegemäß vor den Augen des Lösers, sobald es Schwarz durch das Verstellen der Linie a8—h8 provoziert. Nr. **83** hat im Interesse der Vereinigung zweier Ideenspiele (1. . . . . c6×b5; 2. Sd4—c6 und 1. . . . . Sc3×b5; 2. Sd4—b3) und einer Second-Variante (1. . Ld8; 2. Dg8†; 3. Lf1), welche sämtlich auch als stille Drohungen wirksam sind, eine unschöne, aber keineswegs allzu partiewidrige Anfangsposition (der weiße König kann auf e8 immerhin stehen, wenn bereits die schwarze Dame und ein schwarzer Turm fehlen) und der erste Zug erfolgt mit einem en prise stehenden Stein. Doch bietet wohl die supponierte Verwickelung und der schwierige, also tief angelegte Inhalt hierfür einen genügenden Rechtfertigungsgrund. Auf 1. . . . . Sc3×b5 geht weder 2. Dh8—h7, noch 2. Dh8—h1, weil 2. . . . . Sb5×d4; 3. Te4×d4†, Kd5—c5! erfolgen kann, was in dem Buche: „Der Schachkongress zu Leipzig im Juli 1877", S. 217, unberücksichtigt geblieben ist. Der Zug Dh8—h1 erfolgt nur nach 2. Sd4—b3, Sb2—c4. Nr. **84** entstand aus folgender, in der Deutschen Schachzeitung 1864 veröffentlichter Aufgabe: W. Ke1, Dd1, Le7, f7, Sb4, c8, Ba3, d2, d5, h2; Schw. Kd4, Se5, g6, Bb5, c4, d3, g7, (1. Le7—c5†, 2. Dd1—a1), welche heute wegen des direkten Angriffes im ersten Zuge unverwendbar ist. In der neuen Fassung besteht eine Verführung: 1. Dd1—b3, Kd4—e5!;

2. ? (welche auch den ersten Zug mehr als eine Verstellung, denn als Abschneidung eines Fluchtfeldes erscheinen lassen dürfte); es wirkt nunmehr durch den ganzen Lösungsverlauf hindurch der Zugzwang und die beiden, durch die Springerbewegungen entstehenden Diagonalmats sind völlig rein. Die Zugzwangsnutzung, sowie die völlige Korrektheit der (wenigen) Varianten ergiebt sich wieder aus der mit geringen Mitteln erzielten anspruchslosen Durchführung der Idee (man vergleiche die Probleme Nr. 5 und 30). Nr. **85** ist das Beispiel einer mit dem Lösungsbeginne verbundenen Zugzwangsnutzung in größerem Stile, wie sie in vierzügiger Fassung mit kunstgemäßem Hauptspiele seltener gelingt. Bis auf duals vom dritten Zuge an sind auch sämtliche Varianten korrekt, was die, eben deshalb zur Zugzwangsnutzung geeignete, Gefügigkeit des Stoffes erweist.

Die Nummern 77—85 enthalten zwei Zugzwangsnutzungen und vier Probleme mit einfacher Drohung, wovon indessen eine mit dem Hauptspiele identisch ist (81), zwei kürzer als die noch unerledigte Zügezahl des Problemes (nämlich zweizügig) sind (79, 80), und eine (82) auf der unmotivierten Preisgabe der wichtigsten Verteidigungsfiguren basiert.

Einige vierzügige Probleme, welche der Autor nicht in die Sammlung aufgenommen hat, folgen hier unter Nr. 118—120, weil die Ausscheidung dieser Stücke vielleicht nicht unbedingt nötig war und zum mindesten die Erörterung der versuchten Rekonstruktionen geboten ist. Nr. 118 zeigt die Korrektur eines Erstlingsproduktes des Verfassers: W. Kg1, Df7, Lc5, Sd3, Ba4; Schw. Kd5, Ba5, e5, e6, welches im Hauptspiele inkorrekt war. Das Ideenspiel mit seinen, aus dem Zusammenwirken von Dame und Läufer resultierenden, unreinen Matstellungen wird nun durch eine gute Second-Variante unterstützt; es bleibt aber doch im ganzen ein reicherer Inhalt an Abzweigungen zu wünschen übrig. Nr. 119 führt folgende, 1868 in „Über Land und Meer“ erschienene Aufgabe verbessert vor: W. Ke3, Dc3, Ld3, e7, Sb3, Ba3, c2, d6, f4, h3; Schw. Kd5, Dh5, Tb6, Lf7, Ba6, b5, c6, g6. Die stattliche Anzahl von Varianten entschuldigt allenfalls den Umstand, daß fast durchaus dreizügige

118.

Mat in 4 Zügen.

Matführungen verwendet sind; tadellos wäre die Ausführung indessen erst, wenn die versteckter liegende Variante 1. . . . . b5—b4 ein reines Mat herbeiführen würde, weil sodann die durch diesen Zug entstehende Fortsetzung unbestreitbar als Hauptspiel gelten könnte, welches überdies nicht durch die sofortige Annahme des

119.

Mat in 4 Zügen.

120.

Mat in 4 Zügen.

Damenopfers entsteht. Nr. 120 ging aus folgendem Konkurrenzprobleme des britischen Turnieres 1862 hervor: W. Kb1, Da4, Td4, Ld7, Sa2, Bb5, c3, f2, f5, h2; Schw. Ke5, Df3, Tg5, h5, Bb6, f6, g4, g7. In diesem Erzeugnisse fällt der erste Zug zufolge des ungünstigen Arrangements der Anfangsposition allzusehr auf und es tritt die Thatsache des Vorhandenseins dreizügiger, stiller Drohungen gänzlich zurück; ein weiterer wesentlicher Mangel liegt in der unreinen Matposition des Hauptspieles. Die neue Darstellung der Grundidee soll namentlich zeigen, auf welche Art ein kunstgerechter Schluß erreichbar ist; allerdings kann in der jetzt vorliegenden Position wieder eine bessere Gliederung des Inhaltes (auf die zweizügige Schachdrohung des Anfangszuges folgt im Hauptspiele eine zweizügige stille Drohung) gefordert werden.

d. Fünfzügige Probleme.

(86—100.)

Die Nummern 86—89 enthalten dreizügige Matführungen, welche mit zweizügigen Einleitungen versehen sind. Die größere Anzahl der zwingenden, mattreibenden Züge erachtet der Autor als gerechtfertigt: in 86 und 88 durch die Vorführung der Läufer-Turm-Matwendung in Verbindung mit Einleitungsideen größeren Stiles, in 87 durch die Vereinigung zweier kunstgerechter Matbilder, welche je nach der Wegnahme des Turmes durch den König oder durch den Springer im dritten Zuge hervortreten und in 89 durch das Zusammentreffen dreier guter Varianten (1. . . . . Sb8—d7, 1. . . . . Th4—g4, 1. . . . . Sb8[d8]—c6), welches die Damenopferwendung mehr als Akkommodationsidee erscheinen läßt. Die zweizügige Einleitung ist an sich gerechtfertigt, weil durch dieselbe stets eine entsprechende Ausdehnung des Inhaltes erzielt wird und weil in keinem der Probleme der zweite Zug von solcher Beschaffenheit ist oder zu sein vermag, um ohne wesentliche Schädigung des Erzeugnisses als Lösungsbeginn dienen zu können.

In Nr. **86** steht mit dem Anfange eine zweizügige Schachdrohung in Verbindung, welche jedoch in ihrem äußeren Eindrucke dadurch verbessert ist, daß der Turmzug einen indirekten, weitergehenderen Zweck hat. Hinsichtlich der in den fünfzügigen Aufgaben benützten Drohungen kommt der Umstand in Betracht, daß dieselben in dem Maße an Bedeutung verlieren, als die Schwierigkeit der Lösung durch die größere Zügezahl des Problemes (bei reichem Inhalte!) an sich wächst; dagegen muß allerdings anerkannt werden, daß die Ausdehnung der Lösung auf fünf Züge stets durch den besonderen Inhalt der Probleme wirklich gerechtfertigt sein soll, weil eine künstliche Verlängerung des Lösungsweges zum Zwecke der besseren Verbergung eines geringfügigen, schlecht konstruierten Inhaltes verwerflich ist. Die Nummern 86 und 88 sind innig verwandt; doch ist in 86 das Hauptgewicht auf die Einleitungsidee gelegt, welche in dem Hinüberschwenken des weißen Turmes besteht (man vergleiche Nr. 93), so daß das identische Mat auf d6 und f6 an Bedeutung verliert, während hingegen im Probleme 88 (zu dessen Herstellung die Nr. 86 Anregung gegeben hat) der Schwerpunkt in der kunstgerechten Vorführung der vier möglichen Matwendungen durch Turm und Läufer liegt. Die Darstellung von vier Matnetzen durch Läufer und Turm, sowie auch durch Springer und Turm (sofern im letzteren Falle stets nur der Springer u. z. gleichartig und durchaus kunstgerecht matsetzen soll) stellt einer größeren Anlage des Problemes bedeutende Schwierigkeiten entgegen, welche der Autor in 88 (und 99) so gut es anging zu überwinden trachtete. Es erweist sich insbesondere beim Läufer-Turm-Mat die vorangehende direkte Aufopferung einer schweren Figur mittels Schachgebotes als erforderlich, weil nur auf diese Weise die Matnetzbildung unauffällig und ohne Überdeckung vollzogen werden kann. Anders steht die Sache, wie bekannt, in einem Roi dépouillé-Problem, wo der schwarze König z. B. zum Verlassen des Feldes e6 und zum gleichzeitigen Schlagen eines auf e5 postierten, die Felder d6 und f6 vorher deckenden Steines (Läufer oder Bauer) indirekt gezwungen werden kann. In Nr. 86 sind vier Schlagfälle durch schwarze Bauern supponiert; es lassen sich dieselben jedoch ungezwungen erklären, da eine entsprechende Anzahl weißer Mittelbauern, bezw. kleiner weißer Figuren im Diagramm fehlt. Nr. **87** erschien im Palamède-Turniere 1865 in folgender Form: W. Ka2, Dh1, Tg5, Lc8, d2, Sd5, e4, Bb3, g6; Schw. Ke6, Tc7, d3, Le8, g1, Sa8, b2, Ba5, c5, d7, h4, h5 (Mat in fünf Zügen durch 1. Ld2—e3, Td3×e3; 2. Dh1×h4 etc.) und es war mit Rücksicht auf die passive Rolle des Läufers c8 und auf die unmittelbare Matdrohung im ersten Zuge eine Verbesserung geboten, welche auch durch die neue Fassung erzielt wurde, indem die Schlußstellung nunmehr völlig kunstgerecht ist und die Drohung auf drei Züge (mit Schachgebot) erweitert erscheint. In Nr. **88** besteht eine größere Anzahl von Drohungen, von welchen die zwei, mit einem Springerschach beginnenden und drei Züge umfassenden (übrigens nicht durchaus korrekten) Matführungen der Qualität nach am schlechtesten sind. Die vielen Drohungen sind aber eine Konsequenz der Einleitungsidee, welche aus der absichtlichen Herstellung mehrerer Verführungen besteht, und es wird sich in der That trotz der vielen Angriffsmöglichkeiten nicht sogleich erkennen lassen, ob der weiße Läufer d5 unbedingt ziehen und welches Feld er besetzen soll. Wenn die Drohungen schon aus der Position ersichtlich sind und nicht erst durch einen bestimmten Anfangszug nahe gelegt werden (man vergleiche die Diagramme: 46, 86, 89, 90, 93, 94), so nehmen dieselben trotz ihrer geringen Qualität doch nicht den Charakter eines Wegweisers für den Löser an, und es läßt sich durch Probleme dieser Art der praktische Beweis führen, daß es besondere Fälle giebt (siehe das Kunstgesetz betreffend die indirekte Herbeiführung des Ideenspieles), wo der Dispens von einer besseren Leistung durch den besonderen Inhalt des Problemes an sich gerechtfertigt ist. Als Beispiel, wie zuweilen die Sicherung reiner Matbilder einer Inhaltsvermehrung entgegenwirkt, mag das Diagramm 121 (s. S. 262) dienen, in welchem einerseits zwei Abzweigungen des Hauptspieles nicht völlig kunstgerecht gestaltet, anderseits aber zwei wertvolle Varianten 1. . . . . Kc5×b6 und 1. . . . . Da1×a7 hinzugefügt sind; es unterliegt jedoch keinem Zweifel, daß die Ausführung im Diagramm 88 den Vorzug verdient, weil überall dort, wo auf die Art der Matführung, z. B. auf symmetrische Figuren Gewicht gelegt wird, die beste Gestaltung des Lösungsschlusses zum unabweislichen Gebote wird. Der Umstand, daß in Nr. 88 der erste Zug einen angegriffenen Stein in Sicherheit bringt, ist wieder durch die Konkurrenz mehrerer en prise stehender Angriffsfiguren, resp. durch die supponierte

Verwickelung gemildert, und die Wegnahme eines Fluchtfeldes ergiebt sich ähnlich wie in 94 lediglich als Konsequenz. Nr. 89 wurde zuerst (Problemturnier des „New York Clipper" 1876/77) nicht ganz ohne Berechtigung als sechszügige Aufgabe publiziert (siehe Diagramm 122), weil auf diese Weise das En prise-stehen einer

121.

Mat in 5 Zügen.

122.

Mat in 6 Zügen.

wichtigen Angriffsfigur vermieden wird. Indessen mußte der Autor erwägen, daß die sechszügige Fassung keine entsprechende Erweiterung des Inhaltes bringt, da nunmehr alle Varianten zu Abzweigungen des Hauptspieles (nach 1. . . . . e6×d5) werden, und es konnte demgegenüber die Thatsache, daß nunmehr im Diagramm 89 die Lösung mit einem die Figur erhaltenden Zuge beginnt, um so eher zurücktreten, als ohnehin das von der betreffenden Figur zu betretende Feld (ähnlich wie in 88) noch zu ermitteln bleibt und durch den Wegfall des, wenn auch schwach drohenden, so doch immerhin einschränkenden Zuges Dh6—g7 keine Schmälerung des Wertes der Einleitungsidee entsteht, welcher wesentlich auf der Gestaltung eines subtilen Verteidigungsspieles beruht.

Die Nummern 90—99 enthalten dreizügige Einleitungen und zweizügige Matführungen. Gewöhnlich ist die längere Einleitung durch den reichen Inhalt ausreichend gerechtfertigt (91, 92, 95, 96—99), es macht aber auch oft die besondere Idee die größere Zügezahl erklärlich. So erfordert in 90 die durch das Schachgebot des schwarzen L herbeigeführte Kombination, in 91 die ideegemäße Heranschwenkung der Dame, in 92 die konsequente Ablenkung von Deckungssteinen, in 93 die ideegemäße Aufstellung des weißen Turmes auf g7, in 94 die erst im Lösungsverlaufe erfolgende

Zusammenstellung des Turm-Läufer-Abzuges, in 96 die ideegemäße Postierung des weißen Springers auf b2, in 97 endlich die Verlegung des Damenopfers in den zweiten Zug — die dreizügige Fassung der Einleitungsidee.

Nr. **90** erschien ursprünglich (im Problem-Turniere des „New York Clipper“ 1876/77) zufolge einer exzeptionellen Turnierbedingung in folgender Fassung: W. Kh4, Dg7, La5, f3, Sb1, b8, Ba2, b4, c2, f2, g4; Schw. Kb5, Ta8, h8, La7, Sf6, g8, Ba3, a6, c6, f4, f5, f7 (Mat in sieben Zügen durch 1. Kh4—g5) und konnte durch eine im Diagramm 123 dargestellte Abänderung zu einer formgerechten siebenzügigen Aufgabe umgestaltet werden. Es würde sich jedoch auch in dieser Form, wie bei den meisten vielzügigen Problemen, eine unmotivierte Verlängerung der Einleitung ergeben, und nachdem überdies der erste Lösungszug in mancher Hinsicht tadelnswert wäre, so mußte der Autor darauf bedacht sein, die Grundidee des Problemes nachträglich in völlig kunstgerechter Form zur Darstellung zu bringen. In der neuen Ausarbeitung ist nunmehr der erste Lösungszug ideegemäß und äußerlich befriedigend konstruiert, da der König von einer völlig sicheren Position auf ein exponiertes Feld vorrücken muß, und wenn auch die mit dem Königszuge verbundene Drohung eine zweizügige schachbietende (auch doppelte, bez. inkorrekte ist), so fällt dieser Umstand hier weniger ins Gewicht, weil erfahrungsgemäß Aufgaben, in welchen der weiße König Schachangriffen ausgesetzt ist, gewöhnlich nicht nur mit Aufgebot unmittelbarer Matdrohungen, sondern auch mit unreinen Matstellungen konstruiert sind; übrigens bestehen in 90 einige Verführungen, z. B. 1. Td8—d4. Nachdem die Problemidee in der Herbeiführung eines guten Schlusses unter erschwerenden Umständen (Schachangriffe der Verteidigungspartei) liegt, so hat man es hier mit einer Akkommodation zu thun. Die besondere Idee bringt es auch mit sich, daß das Problem nur e i n e Variante in der Zügezahl des Hauptspieles enthält und diese nicht völlig korrekt ist. Nr. **91** erschien im Problemturniere des Westd. Schachbundes 1864 in folgender Aufstellung: W. Ke1, Da4, Td4, Lh1, Sf4, g8, Bc4, d2, e3; Schw. Ke5, Da7, Te7, Lb6, e4, Sh3, h7, Ba6, b4, d6, g5,

123.

Mat in 7 Zügen.

welche Position eine bessere Anordnung der Heerlager aufweist, aber den Fehler hat, daß der weiße Sg8 in der Matstellung des Hauptspieles unverwendet bleibt. In der neuen Fassung ist dieser Fehler vermieden, ohne daß der Inhalt irgendwie verkürzt wurde, so daß hierdurch indirekt auch die weniger partiegemäße Anfangsposition gerechtfertigt erscheint. Die Bildung einer schwächeren Drohung war auch in der neuen Aufstellung nicht zu erreichen, doch kommt jetzt die Verführung 1. Ke8—f7 sehr in Betracht, welche nur durch d6—d5 widerlegt wird. Nr. **92** erschien 1877 in der Deutschen Schachzeitung in einer insofern anderen Fassung, als der weiße Turm auf a8 statt a6, der weiße Läufer auf d3 statt e4 postiert und noch ein schwarzer Bauer auf a6 vorhanden war. Durch die geringfügige Änderung ist das Schlagen eines schwarzen Bauern im ersten Zuge vermieden. Hier liegt ein Problem vor, welches insofern zu einer Kürzung geeignet wäre, als im Hauptspiele, nach 2. Dh1—h6, noch eine zweizügige stille Drohung wirkt und der gegenwärtige Lösungsanfang eine aus durchaus schachbietenden Zügen bestehende Drohung enthält, welche die Zügezahl des Problemes auch nicht ganz erreicht. Indessen ist die mit dem Lösungsbeginne verbundene indirekte Opferung, auf welche erst ein auffälligeres direktes Opferangebot nachfolgt, um die beabsichtigte Ablenkung der Verteidigungssteine durchzuführen, ganz im Sinne des Kunstgesetzes konstruiert, und nachdem mit dem ersten Zuge mehrere Varianten gebildet sind, auch die Drohung wegen ihrer größeren Ausdehnung entschieden den Vorrang vor jener anderen stillen behauptet, so kann von einer unmotivierten Verlängerung der Zügezahl des Problemes nicht die Rede sein. Der Autor hat die Schlußidee, nämlich die Matwendungen durch Springerzüge nachträglich in den Diagrammen 37 und 97 voller und selbständiger zur Darstellung gebracht. Eine genaue Prüfung des Diagrammes zeigt, daß die vorhandenen Bauern viermal geschlagen haben mußten (der weiße B von g4 nach f5); gerechtfertigt ist die Bauernstellung wohl durch die größere Anlage des Problemes. Nr. **93** hat wieder insofern eine wenig partiegemäße Anfangsposition, als trotz der Anwesenheit vieler Steine die Spuren des ursprünglichen weißen Heerlagers gänzlich verwischt sind. Die Erklärung hierfür liegt in der Schwierigkeit der Verbindung einer so scharf ausgeprägten Schlußidee mit einer tiefer liegenden Einleitungskombination, welche nicht an der, aus nur drei schachbietenden Zügen bestehenden Drohung, sondern an der Art der Widerlegung des Verteidigungszuges 1. . . . . h6×g5 gemessen werden soll. Auch in Nr. **94** bestehen hinsichtlich der Positionsbildung und der Drohung ähnliche Verhältnisse und es muß bemerkt werden, daß der Autor in diesem Probleme das Entstehen und Wiederaufheben des Läufer-

Turm-Abzuges darstellen wollte, wie es trotz aller äußerlichen Ähnlichkeit mit anderen Abzug-Matwendungen bis dahin noch nicht vorgeführt war, denn hier steht anfänglich weder der Turm, noch der Läufer auf dem Platze, von welchem aus sie entscheidend wirken, und es erfolgt auch das Mat im eigentlichen Hauptspiele (4. . . . . Kf6×e7) nicht durch Doppelschach. Nr. **95** hat ebenfalls, wie die meisten fünfzügigen Probleme großen Stiles, zum Teile eine partieunwahrscheinliche Position, doch erreicht hier die Drohung bereits die Länge der noch unerledigten Zügezahl des Problemes. Der erste Zug ist insofern einigermaßen naheliegend, als durch denselben die wichtigste Angriffsfigur aus der Ecke hervorgeholt wird; doch ist damit noch keineswegs der Inhalt des Problemes völlig aufgedeckt und es dürfte der Auffindung der beiden Ideenvarianten noch immer eine genügende Schwierigkeit im Wege stehen. Aufgaben dieses Genres (man vergleiche die Nummern 63 und 72) sind nicht leicht in durchaus befriedigender Form zu konstruieren, und nur selten gelingt es (man sehe noch 46, 50, 61, 69) die Vereinigung mehrerer opferreicher Ideenspiele durch einen ganz problemgemäßen ersten Zug einzuleiten und in eine tadellose äußere Form zu bringen. Nr. **96** erschien zuerst im Problemturniere der britischen Association 1866/67 in inkorrekter Ausarbeitung und ist nun korrigiert, sowie zugleich im Inhalte durch Varianten vermehrt. Die Mitbenützung des weißen Turmes g8 ist dadurch gerechtfertigt, daß derselbe nicht nur im Hauptspiele (passiv), sondern auch in den Varianten (hier auch aktiv) thätig ist. Für die Aufstellung des weißen Königs im feindlichen Heerlager kann hier wie in 99 geltend gemacht werden, daß einerseits die schwarze Dame und noch andere Verteidigungsfiguren nicht mehr vorhanden sind und daß anderseits durch die Mitverwendung des Königs Angriffsfiguren erspart werden. In 96 (sowie auch in 97 und 98) macht es die verzweigte Anlage nötig, daß vier Schlagfälle durch Bauern supponiert sind. Nr. **97** gäbe mit Hinweglassung des ersten Zuges (also nach 1. Lg3—e5, g4×f3) noch ein genügendes vierzügiges Problem; für die fünfzügige Fassung spricht jedoch der Umstand, daß damit das Damenopfer (besser) in den zweiten Zug verlegt und eine fünfzügige Variante mit einem zweiten, an anderer Stelle erfolgenden Damenopfer hinzugefügt ist. Der erste Zug schneidet allerdings dem schwarzen Könige ein Fluchtfeld ab und deckt einen wichtigen Bauern, doch existieren auch andere starke (Schein-) Angriffe (z. B. Db6), und es besteht ein einflußreiches Verteidigungsspiel, welches dem Löser genügende Schwierigkeit entgegenstellt. Die Position in Nr. **98** ist durch die vielen Anklänge an eine partiegemäße Entwickelung bemerkenswert. Das Damenopfer im ersten Zuge des Problemes **99** ist, wie schon an anderer Stelle hervorgehoben wurde, nur ein Scheinopfer, weil das Ideenspiel nicht aus der Annahme des Opfers entsteht. Obwohl mit diesem Zuge kein Fluchtfeld des schwarzen Königs abgeschnitten und keine Figur gedeckt wird, liegt er doch dem erfahrenen Problemlöser ziemlich nahe und der Komponist kann denselben als Anfangszug nur wegen der großen Zügezahl und der genügenden Tiefe des Inhaltes verwenden, nachdem nun einmal ein anderer, völlig befriedigender Lösungsbeginn nicht zu arrangieren war.

Nr. **100** erschien in der Leipziger Illustrierten Zeitung 1872 in folgender Fassung: W. Ka1, Da5, Ld1, d4, Sd3, e5, Bc2, d2, g7; Schw. Ke4, Tb8, h5, Lh6, h7, Ba4, b5, b7, c5, e3, f5, g4, h2, (Mat in fünf Zügen durch 1. Da5—c7 etc.). Hier waren jedoch zwei Konstruktionsschwächen vorhanden, nämlich die Anwesenheit eines Läufers, welcher an der Matnetzbildung unbeteiligt ist und die Unterbrechung der Einleitungskombination durch einen schachbietenden Zug; die neue Fassung zeigt, daß beide Mängel zu beseitigen waren und es hat dieselbe auch den Vorzug, daß die aus schachbietenden Zügen bestehende Drohung von zwei auf drei Züge erweitert ist. Die Zügezahl der Einleitung ist eine außergewöhnlich große (4) und es entsteht die Frage, ob angesichts der einzügigen Matdrohung nicht eine Kürzung des Lösungsweges geboten war. Man wird indessen bei näherer Prüfung finden, daß der Effekt der an sich einfachen Einleitungskombination wesentlich geschmälert wird, wenn z. B. der schwarze König schon im prädestinierten Matnetze steht und da in jedem Zuge von Weiß und Schwarz konsequent auf den Matschluß hingearbeitet wird, so liegt hier in der äußersten Ausdehnung der Einleitungskombination ein ideegemäßes Moment. Der Umstand, daß der schwarze Turm c8 die Dame zum vollkommen reinen Mat f7×e8 zwingt, zeigt die möglichste Akkommodation der Idee an. In diesem Stücke gelangt die Figurenökonomie, nämlich die Wirkung verhältnißmäßig weniger Angriffsfiguren, während des ganzen Lösungsverlaufes zur Geltung, was indessen nur in der besonderen, Opferungen ausschließenden Idee begründet ist.

124.

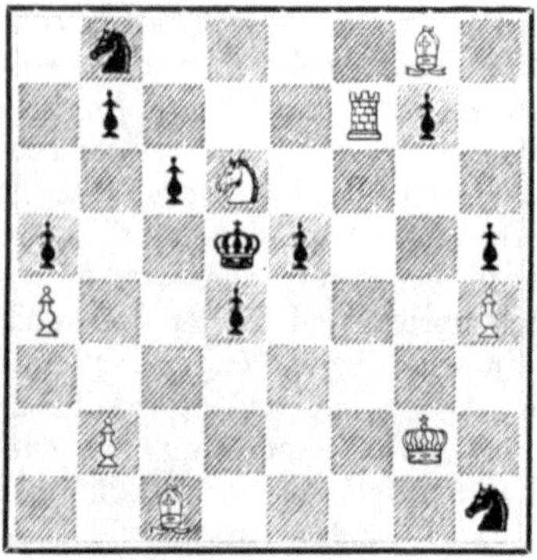

Mat in 5 Zügen.

Ein Problem, welches nicht in die Sammlung aufgenommen wurde, obwohl dasselbe einen ziemlich reichen Inhalt aufweist, soll hier unter Nr. 124 noch einen Platz finden; es enthält ein Hauptspiel, welches aus einem einzigen stillen Einleitungszuge und aus vier schachbietenden Schlußzügen besteht, und nach der Ansicht des Autors den Kunstgesetzen nicht mehr ganz entspricht, obgleich eine Variante, in welcher zwei stille Züge vorkommen, als eine Art von Korrektiv vorhanden ist.

D. Lösungen zu den Problemen 101—124.

101.

1.	2.	3.
Lf8—g7	Dd7—d4†	Tf6—f4, c6‡
Te5×e3	~	

Man vergleiche im übrigen die Lösung zu Nr. 14.

102.

1.	2.
Da3—a8, Kf5×e6	Lb7—c8‡
..... f7×e6	Lb7×e4‡
..... ~	Se6—d4, g7‡

103.

Dd2—h6, Ke5×d6	La7—b8‡
..... Sb7×d6	Dh6—f6‡
..... Lh3×e6	Td6×e6‡
..... ~	Td6—d5‡

104.

1.	2.	3.
Dg1—c1	Dc1—g5	L, T od. D‡
Se3—d5	~	
	Dc1—c3, d2 od.	Te5, Dd3, e3,
~	Lh2—e5, g1†	f4 od. Sg5‡

105.

1.	2.
Lh8—f6, e7×f6†	e6—e7‡
..... Sh7×f6, g5	Dg8—g5‡
..... Lf8~	Dg8—d8‡
..... Sd1~	Sc2—e3‡
..... e4—e3	Dg8—g2‡

106.

1.	2.	3.
Lf6—d8 Da7×g1 (f2)	Tf5—f2† Ke4—e3 (d4)	Ld8—b6‡
Da7×h7 (g7)	Ld8—b6 ~	Dg1—e3‡
Ke4—d3	Tf5×e5† ~	Dg1—e1, e3‡
~	Tf5—f7‡	

107.

1.	2.	3.
Dh4—d8 Sd7×e5	Te2—e4† d5×e4, Kd4—d3	Sd6—b5, Tc2—d2‡
Sd7—c5	Tc2—c4† d5×c4, Kd4—d3	Sd6—b5, Te2—d2‡
Tb8×d8 La7—b6	Ke1—d2 ~	Sd6—b5‡
b4—b3	Sd6—b5† Kd4—d3	Tc2—c3‡
~	Tc2—d2† Kd4—c5	Dd8—c7 (c8)‡

108.

1.	2.	3.
Dg4—c8 La7—b6	Tb3—b5† Lc6×b5, Kc5—c4	Sc7—a6, b2—b3‡
Se8—d6	Td3—d5† Lc6×d5, Kc5—c4	Sc7—e6, d2—d3‡
Kc5—c4	Td3—c3† Kc4—d4	Tb3—b4‡
Sb8~	Sc7—a6† Kc5—c4	Tb3—b4‡
Se8~	Dc8—f8†	D od. T‡
Lc6—b5, d5	Tb3×b5, d5†	Dc8—b7‡

109.

1.	2.	3.
Dg8—d8 / Ke4×d5	Dd8×a5 / K~	Da5—a8, a2‡
Sb5×d6 od. ~	Dd8×g5 / ~	Dg5—f5, e5 od. S‡

110.

Dd8—a5 / Kf4—g5	Ld3—g6 / ~	Da5—d8, d2‡
Kf4—e3	Da5—e1† / Ke3—f4	Sf8—e6‡
e5—e4	Sf8—e6 (g6)† / Kf4—e3	Da5—e1‡
~	Da5—d2‡	

111.

Dc2—d2 / Kd7×c6	Ld3—b5† / ~	D‡
Kd7—e8	Ld3—c4 / ~	D‡
Kd7—c7	Ld3—e4 / ~	D‡
Kd7—e6	Ld3—c4† / Ke6—f6	Dd2—g5‡
Tb6×c6	Ld3×f5† / ~	D‡
Tb7—a7	Ld3×a6† / ~	D‡
~	Ld3—b5, f5, c4, e4†	D‡

112.

1.	2.	3.
Tg8—g1 / Lc1×f4	Ta8—f8 / Ke4—f3, L~	Sf7—g5, d6‡
	Sf7—g5 (†)	Ta8—f8‡
— / ~		

113.

1.	2.	3.	4.	5.
Dh1—c6 / Ld3×h7	Sb1—d2 / Sb7—c5	Sc4—b6 / Tg8—g6 (Le4)	Dc6—e4† / Sc5×e4	Sd2—b3‡
		— / ~	Dc6—d6† / Sc7—d5	Dd6×d5‡
	— / a5—a4	Sc4—b6 (e3) / Sb7—c5	Dc6—d6† wie oben	
	— / Lh7—c2 Sc7—d5	Sc4—e3 (b6) / ~	‡	
— / Sb7—c5	Sb1—d2 / Ld3×e2	Dc6—d6† / Sc7—d5	Sc4—e3 / ~	D od S‡
	— / Ld3—e4	Lh7×e4 / ~	e2—e3 S od. D‡	
	— / L~	Sc4—b6 auch e3 etc.		
	— / Sc7—d5	e2—e3† / Sd5×e3	f2×e3‡	
— / Ld3×e2	Sc4—e3 / Tg8—g6	Se3—c2† auch Lh7×g6 nebst Mat in zwei Zügen		
— / ~	Sc4—b6, e3 auch Sb1—d2 bez. Lh7×e4 etc. od. e2—e3 (‡)			

114.

Dh1—h5 / Tg4×g8	Sb3—d4† / Kb5—c4	Dh5—d1 / Kc4×d5	Sd4—e6† / ~	Dd1—b3, d4, d7‡
		— / a5—a4	Sd4—c6 / ~	Dd1—d3, a4‡

1.	2.	3.	4.	5.
		Dh5—d1 nebst ‡ in 2 Zügen		
	Kb5—b4			
	Dh5—e8	Sb3×c5	Td5—d3†	Sc5—a6‡
Kb5—b4	Lb6×c5	Kb4—c3	Kc3—b4	
			De8—a4†	Td5—d3
		Kb4—c4 od. ~		(Da4×d4)‡
		Td5—d3†	De8—a4‡	
	Kb4—c3			
		Td5—d4†	‡	
	Kb4—c4			
		De8—a4†	T od. D‡	
	~			
	Dh5—e8†	Sb3×c5 wie		
Lb6×c5	Kb5—b4	oben		
		De8—c6†	‡	
	Kb5—a6	Lc5—b6		
		De8—b8†	Sb3×a5, c5‡	
	Kb5—b6	~		
		Td5—d4†	De8×e3‡	
	Kb5—c4	Kc4—c3		
	Sb3—d4†	Dh5—e8†	De8—a4†	Da4×d4‡
Tg4—e4, g6	Te4×d4	~		
		Dh5—d1 nebst		
	K~	‡ in 2 Zügen		
	Dh5—e8†	‡ in 2 Zügen		
Kb5—c6	Kc6—c7			
	Td5—d4†	‡		
Kb5—c4	~			
	Dh5—e8†	Sc5—a4†	S od. D‡	
Lb6—c7	Kb5—b6	~		
	Dh5—e8†	Td5—d6†	De8×d8‡	
Lb6—d8	Kb5—b6	Kb6—c7		
	Dh5—e8†	De8—a4†	Td5—d3‡	
~	~	Kc3		

115.

1.	2.	3.	4.
Lg1—e3 / d4×e3	Dh5—h1 / Kc4—c5	Dh1×c6† / Kc5×c6, d4	Tb3—c3, b4‡
	/ Kc4—d4	Dh1—e4† / Kd4×e4, c5	Tb3—b4, c3‡
	/ Se1—g2, f3	Dh1—c1† / ~	Tb3—b4‡
	/ d6—d5	Dh1×e1 / ~	De1—b4, c3 od. Tb3—b5‡
	/ ~	Dh1—e4 od. c6†	T‡
/ d6—d5	Le3—d2 / Kc4—c5	Ld2—b4† / Kc5—c4	T‡
	/ d4—d3	Tb3—b5† / Kc4—d4	Dh5—e5‡
/ Se1—f3	Dh5—f5 / Sf3—e1	Le3—d2 / ~	Tb3—b5 (b4)‡
/ Se1—c2, c6—c5, b6—b5	Le3—d2 / ~	T‡	
/ ~	Tb3×b6† / Kc4—c3	Dh5—a5† / Kc3—c2	Da5—d2‡

116.

1.	2.	3.	4.
Sd4—c6 / Lb8—a7	De8—g6 / La7—e3	Dg6—e4† / Kd5×e4, e6	Sa4—c3 Sc6—d8‡
	/ La7—d4	Sc6—b4† / Kd5×e5	Dg6—f5‡
	/ La7—b6 Sc8—b6	Sa4—c3† / Kd5—c5	b2—b4‡
	/ La7—b8	b2—b4 / ~	S od. D‡
	/ d6×e5	Sc6—b4† / Kd5—d4	Dg6—d3‡

1.	2.	3.	4.	5.
		Dg6—d3†	D‡	
	e7—e6			
		Dg6—f7†	Df7×f3‡	
	f4—f3	~		
	De8—g6†	b2—b4	S od. D‡	
Kd5—e4	Ke4—d5	~		
	Sa4—c3†	b2—b4†	De8×b8‡	
Sb8—a7	Kd5—c5	Kc5—b6		
	De8—g6 auch Sc6—b4 (e7)† und Mat in 2 Zügen			
d6×e5				
	Mat in 2 Zügen			
~				

117.

Sc3—e4	De1—b4†	Sg4—h6†	f2—f3	Db4—c5, e4, f4, g4‡
Kd4×e4	Ke4—f5	Lg5×h6	~	
			Db4—c5†	f2—f3‡
		Kf5—e5	Ke5—e4	
		Db4×b5†	Db5—c6	c2—c3‡
	Ke4—d5	Kd5—d4	e3×f2 od. ~	
			Ka8—b7	Db5—c6‡
		Kd5—d6	~	
	De1—b4	Db4×e7	De7—d7	Dd7—d3‡
Kd4—d5	e6—e5	Kd5×e4	~	
			De7—d6†	Dd6—c5, d3‡
		Kd5—d4	~	
			De7—d6† etc.	
		~		
		Db4×e7	De7—d6†	Dd6—c5, d3‡
	Kd5—c6	Kc6—d5	~	
		Db4×b5†	Db5—d3‡	
	~	~		
	De1—c3†	Dc3—c5†	f2—f3‡	
Kd4—c4	Kc4—d5	Kd5×e4		
	De1—b4† auch De1—d1† etc.			
e6—e5				

1.	2.	3.	4.
— / e3×f2	De1—b4† / Kd4—d5	Db4—c5† / Kd5×e4	Sg4×f2‡
— / f6—f5 od. L~	De1—b4† auch De1—c3† und ‡ in. 2 Zugen		

118.

Dh4—h7 / e5—e4	Sf7—e5 / Kd5×e5	Dh7—e7 / ~	De7—c5, g5‡
	— / Kd5—d6	Le3—d4 / ~	Dh7—d7‡
— / Kd5—c6	Sf7—d8† / Kc6—d6	Dh7—b7 / e5—e4	Sd8—f7‡
— / Kd5—c4	Dh7—c2† / Kc4—d5	Tempozug / e5—e4	Dc2—c5‡

119.

Da1—h8 / Dh5×h8	c2—c4† / b5×c4	Ld3—e4† / Kd5—e6	Sb3—c5‡
— / b5—b4	Sb3—d2 / Dh5×h8 (od. ~)	Ld3—c4 (e4)† / Kd5—c5 (e6)	d6—d7 (Dh8—d4, c8)‡
— / Kd5—e6	Dh8—c8† / Ke6—d5	c2—c4† / b5×c4	Ld3—e4‡
— / Dh5—f5	Dh8—d4† / Kd5—e6	Ld3×f5† / ~	D od. S‡
— / Tb6—b8, 7	Ld3—e4† / Kd5—e6	Sb3—d4† / Ke6—d7	Le4×c6‡
— / Sg1—e2, f3 c6—c5	c2—c4† / b5×c4	Ld3—e4† / Kd5—e6	Dh8—c8‡
	— / Kd5—c6	Dh8—c8† / Sa8—c7	Dc8×c7‡
— / ~	Ld3—e4† (bez. Dh8—g8, e5‡)	Dh8—c8, d4‡	

120.

1.	2.	3.	4.	5.
Se6—d8 / Sg8—h6	Lh3—g2 / Da8×g2	f2—f4† / g4×f3 Ke5×d4	Sd8—c6 Dc8—c4‡	
		Dc8×c7	Dc4, c3‡	
	/ Lb8—c7 Sh6∼	Sd8×f7† / Ke5×d4		
	/ Da8—d5	Td4×d5† / Ke5—f4	Dc8—c4‡	
	/ Da8—e4	Td4×e4† / K∼	Dc8—c6‡	
	/ ∼	L×D / ∼	Sd8—c6 Dc8—c3‡	
/ Ke5×d4	Dc8—c4† / Kd4—e5	Sd8×f7† / Ke5—f5	D auch L‡	
/ Da8—d5, b7 Lb8—c7	Dc8×g4 / Dd5×d4	Sd8×f7† / Ke5—d5	Dg4—e6‡	
	/ Dd5×b3†	Ka2×b3 / ∼	D od. S‡	
/ ∼	Sd8×f7† / Ke5×d4, f4	Dc8—c4, g4‡		

121.

1.	2.	3.	4.	5.
Ld5—e4 / Kc5×d4	Tb6—b5 / Sc7×b5	Dg3×e5† / Kd4×e5	Ta7×e7† / ∼	L‡
	/ Da1×b2	c2—c3† / Db2×c3	Le1×c3† / Kd4×e4	Tb5×e5‡
	/ Da1×e1	c2—c3† / De1×c3	b2×c3† / Kd4×e4	Tb5×e5‡

(Die übrigen Subvarianten wie in 88)

1.	2.	3.	4.	5.
/ Da1×a7	Tb6—c6† / Kc5×d4	Tc6×c4† / Kd4×c4	Dg3—c3† / Kc4—b5	Dc3—c6‡

1.	2.	3.	4.	5.
— / Kc5 × b6	Ta7—b7† / Kb6—a6	Sd4—b3 / Sc7—e6	Dg3—e3 (f2) / ∼	D od. S‡
		Da1—a3, a5		
		— / D od. T × e1	Sb3—c5† / Ka6—a5	Dg3—a3, c3‡
		— / c4 × b3	Dg3—d3† auch Dg3—e3 etc.	

(Die sonstigen Varianten sind wie in 88, und übrigens auf mehrfache Art, zu erledigen.)

122.

1.	2.	3.	4.	5.	6.
Dh6—g7 / e6 × d5!	Le4—h7 / Sb8—d7	Dg7—g1 / d5—d4	Dg1—c1† / Kc4—d5	Dc1—c6† / ∼	L‡

(Die Varianten sind bereits bei 89 angegeben.)

123.

1.	2.	3.	4.	5.	6.
Lb6—a5 / Sf6—h7†	Kg5 × f4 / La7 × b8†	Kf4—e3 / Lb8—a7†	Dg7—d4 / Ta8—e8†	Ke3—d2 / La7 × d4	c2—c4† / ∼

7. Sb1 × a3 od. L‡

3.	4.	5.	6.
	— / f5—f4†	Ke3—d3 auch d2 etc.	
— / Lb8—f4†	Ke3 × f4 / Ta8—e8	c2—c4† / Kb5 × c4	Dg7—c3† / Kc4—b5

7. D auch L‡

3.	4.	5.
— / Lb8—e5	Dg7 × e5† etc.	
— / f5—f4†	Ke3—d3 / Lb8—e5	c2—c4† etc.

1.	2.	3.	4.	5.	6.
— / Sf6—e4†	Lf3 × e4 / Th8—h5†	g4 × h5 / f5 × e4	Dg7 × f7 / La7—d4	Sb1 × a3† / Kb5—a4	Df7—b3‡
		— / f7—f6†	Dg7 × f6 / Sg8 × f6	Le4—d3† etc.	

1.	2.	3.	4.	5.	6.
/ Th8—h5†	g4×h5 / Sf6—h7†	sowohl Dg7×h7 als Kg5×f5 etc.			
	/ Kb5—c4	Dg7×f7† / Sf6—d5	Lf3×d5† / c6×d5	Df7—c7† / ~	D(S)‡
/ Kb5—c4	Dg7×f7† wie oben				

(Die übrigen Varianten sind bei 90 angegeben.)

124.

1.	2.	3.	4.	5.
Sd6—c8 / Sh1—g3	Tf7—f3† / Kd5—c5	b2—b4† / a5×b4	Tf3—c3† / ~	L‡
		/ Kc5×b4	Tf3—b3† / ~	L od. S‡
/ Kd5—e6	Tf7—e7† / Ke6—f6	Lc1—g5† / Kf6—g6	Te7—f7 / ~	Sc8—e7‡
		/ Kf6—f5	Sc8—d6† / ~	T od. L‡
	/ Ke6—f5	Sc8—d6† / Kf5—g4	Te7×g7† / Kg4×h4	Sd6—f5‡
/ Kd5—c5	Lc1—g5 / d4—d3	Lg5—e3† / Kc5—b4	Tf7×b7† / Kb4×a4	Lg8—b3‡
	/ Kc5—c4	Tf7—f3† / Kc4—b4	Tf3—b3† / ~	Sc8—b6 Lg5—e7‡
	/ Kc5—b4	Tf7×b7†	L‡	
	/ ~	Lg5—e7†	Tf7—f4, f3‡	
/ Kd5—c4	Tf7—f3† / Kc4—c5	b2—b4† wie oben		
	/ Kc4—b4	Tf3—b3† / Kb4—c5	Lc1—g5	L‡
/ Kd5—e4	Tf7—f3 / d4—d3	Sc8—d6† / Ke4—d4	Lc1—e3‡	
/ Sb8—a6, d7	Tf7—d7† / Kd5—c5	Lc1—g5 / Kc5—b4	Td7×b7†	L‡

1.	2.	3.	4.	5.
	——— Kd5—e4	Lg8—h7† g7—g6	Lh7×g6‡	
——— c6—c5	Tf7—f6† Kd5—e4	Lg8—h7† g7—g6	Lh7×g6† Ke4—d5	Sc8—b6‡
——— d4—d3	Tf7—f4† Kd5—c5	Lc1—e3‡		
——— Sh1—f2 b7—b6, b5 g7—g6	Tf7—f3† Kd5—c5	b2—b4† ev. Lc1—g5 nebst ‡ in 2 Zugen.		

Berichtigungen.

S: 208 Z. 9 v. u. lies Dh1—f3 statt Dd1—f3.
„ 249 „ 3 v. o. „ 1. Tf5, Tc8! statt Te8.
„ 266 „ 21 v. o. „ Matführung statt Matdrohung.

Druck von Metzger & Wittig in Leipzig.

MIX
Papier | Fördert gute Waldnutzung
FSC® C083411

Kolibri 360 GmbH
Ferdinand-Jühlke-Straße 7
99095 Erfurt, Deutschland
produktsicherheit@kolibri360.de